U0338858

DK动物竞技大百科

哪种动物更厉害

英国DK公司　编著

王梓骅　陈冠宇　译

天津出版传媒集团

新蕾出版社

图书在版编目（CIP）数据

DK动物竞技大百科：哪种动物更厉害 / 英国DK公司编著；王梓骅，陈冠宇译. -- 天津：新蕾出版社，2023.3

书名原文：Animal Ultimate Handbook

ISBN 978-7-5307-7544-8

Ⅰ. ①D… Ⅱ. ①英… ②王… ③陈… Ⅲ. ①动物－少儿读物 Ⅳ. ①Q95-49

中国版本图书馆CIP数据核字(2023)第018306号

Original Title: Animal Ultimate Handbook: The Need-to-Know Facts and Stats on More Than 200 Animals

津图登字：02-2023-009

书　　名：DK 动物竞技大百科：哪种动物更厉害
DK DONGWU JINGJI DABAIKE:NA ZHONG DONGWU GENG LIHAI
出版发行：天津出版传媒集团
新蕾出版社
网　　址：http://www.newbuds.com.cn
地　　址：天津市和平区西康路 35 号 (300051)
出 版 人：马玉秀
责任编辑：潘晶雪
责任印制：杨光明
电　　话：总编办 (022)23332422
发行部 (022)23332351　23332679
传　　真：(022)23332422
经　　销：全国新华书店
印　　刷：广东金宣发包装科技有限公司
开　　本：787 毫米 ×1092 毫米　1/16
字　　数：180 千字
印　　张：22
版　　次：2023 年 3 月第 1 版　2023 年 3 月第 1 次印刷
定　　价：168.00 元

For the curious
www.dk.com

目录

两栖动物

鱼类

鸟类

爬行动物

无脊椎动物

本书使用指南

准备好去探索动物王国里神奇的小动物了吗？这里有一些信息可以帮助你了解这本书。

简介

在简介中我们将会给你干货满满地介绍从昆虫到哺乳动物的基本知识。这些简介位于不同的章节当中，每个章节都会向你详细地展示一种动物。

若你想查找某个特定的动物资料，请到340—343页的索引中找到它吧！

在超级数据中有许多新奇的内容，其中包括动物的名称以及它们的分布情况。

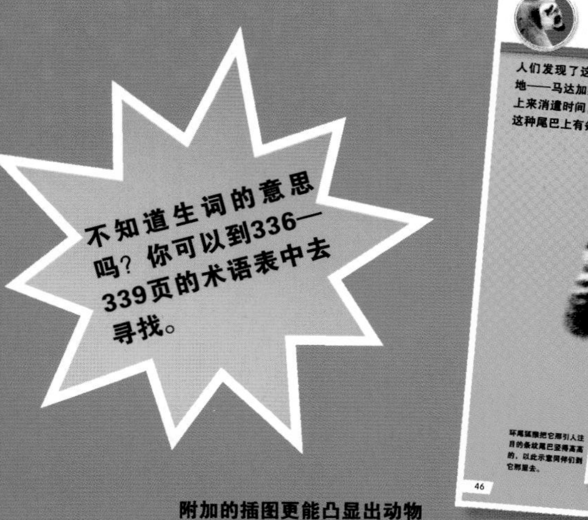

不知道生词的意思吗？你可以到336—339页的术语表中去寻找。

附加的插图更能凸显出动物独一无二的特性。

巅峰对决！

这些页面详细地展示了两种动物之间的比较，比如说战斗力抑或是生存能力。

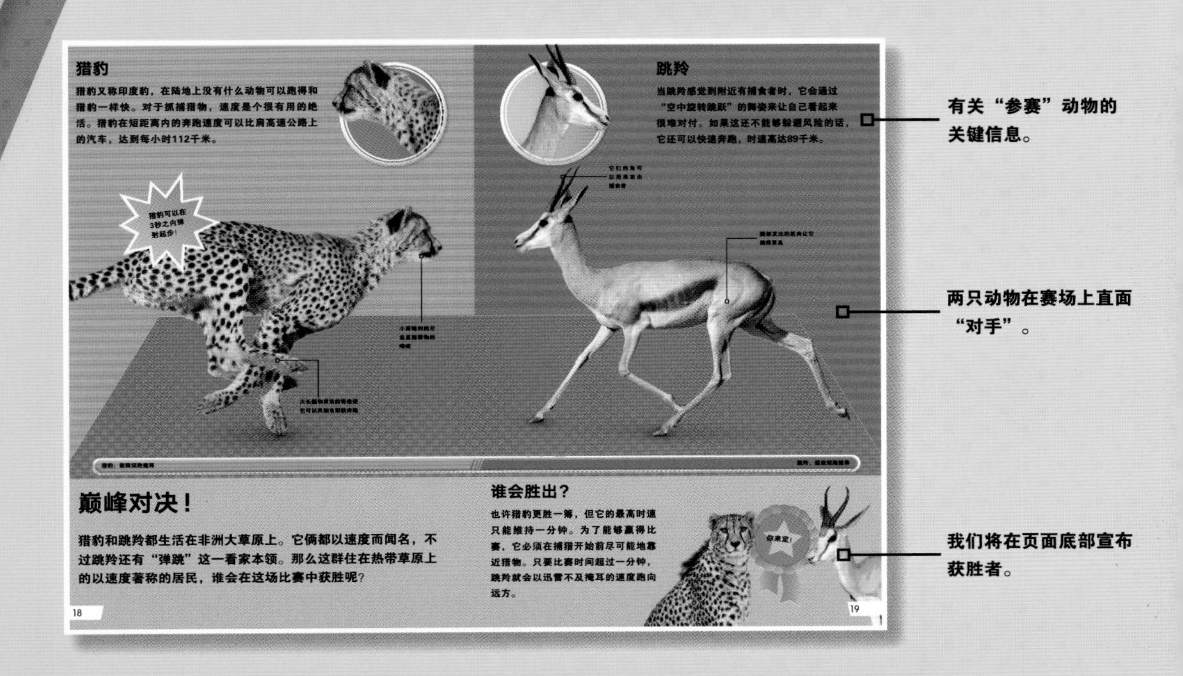

有关“参赛”动物的关键信息。

两只动物在赛场上直面“对手”。

我们将在页面底部宣布获胜者。

它们的“专属技能”

你知道小家伙们怎样沟通吗？你知道什么是无脊椎动物吗？“专属技能”页面会额外提供给你关于它们的信息。快来仔细阅读并找出答案吧。

书中我们会配合插图以及一些有用的信息，来向你解释某一个话题。

什么是动物？

所有现存的动物都有一些共同之处，例如它们进食、运动、呼吸、交流、感知周围环境并繁衍后代。虽然植物和真菌也可以做到其中一部分，但它们并不具备动物拥有的所有特性。

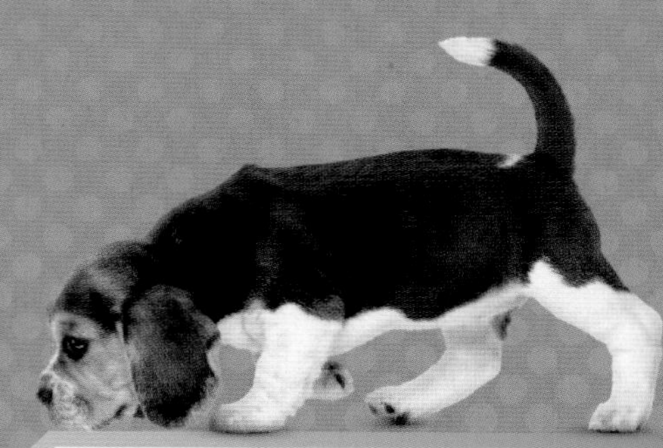

摄取能量

从呼吸到运动，动物的一切行为、活动都是需要能量的。动物从食物中获取能量——食草动物吃植物，食肉动物吃肉，杂食性动物既吃植物也吃肉。

感知

大多数动物和人类一样，都拥有五种主要感觉：视觉、听觉、味觉、嗅觉和触觉。不过有些动物有着我们人类没有的感觉器官，这使得它们能够感觉到磁，甚至是电！

蜗牛是软体动物——一种无脊椎动物。

鳄鱼这样的爬行动物属于脊椎动物。

动物们的“派别”

动物被分为两大类——脊椎动物（有脊椎骨）和无脊椎动物（没有脊椎骨）。脊椎动物包括哺乳动物、鸟类、爬行动物、两栖动物和鱼类。

沟通

许多动物之间可以互相传递信息，比如哪里有食物或哪里有危险。它们能通过制造噪音或留下标记（气味）的方式来传递信息。

运动

大多数在陆地上生活的动物都是行动自如的，它们可以跑、跳跃，甚至飞。许多生活在水里的动物会在水中到处游动，而某些动物则只待在一个固定的地方，它们只活动触手或身体的个别部位。

繁衍

所有的动物都是通过繁殖的方式来延续后代，一些通过卵生的方式，另外一些则是胎生。

呼吸

所有的动物都需要氧气来生存。一些动物能够直接呼吸空气，而另一些动物则需要通过一种叫作鳃的特殊器官从水中摄取氧气。

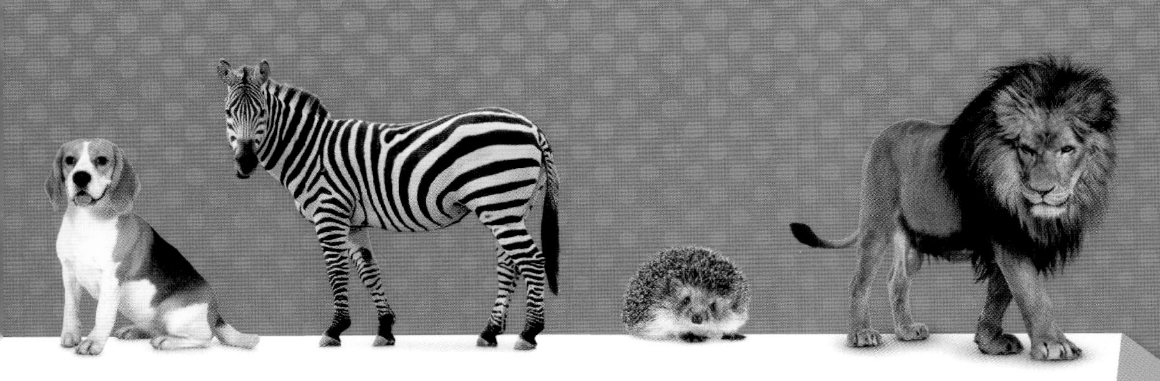

哺乳动物

我们的地球是6,400多种哺乳动物的大家园！从小小的地鼠到巨大的大象，它们形态各异。它们中有许多都生活在陆地上，但也有一些生活在海洋里，比如海豚和鲸鱼。所有的哺乳动物多少都会有些共同点——它们都是恒温动物，喝母亲的乳汁，有相似的骨骼结构，还有长着毛的身体。大多数哺乳动物都在它们的孩子还小的时候照顾它们。

什么是哺乳动物？

哺乳动物天资聪慧——它们的脑袋和身体比起来可不小，并且它们也会形成社会关系。除此之外，它们还有哪些共同点呢？

虽然一些哺乳动物可以短距离滑翔，但要知道真正会飞的哺乳动物只有蝙蝠这一种。

内骨骼（它们的骨头）

作为脊椎动物，骨头是哺乳动物身体中的一部分。虽然哺乳动物的外表各异，但它们的骨骼结构却很相似，像脊椎骨、头骨和四肢骨，一样不少。

恒温动物

哺乳动物都是恒温动物——它们自身体内就可以产生热量，这使得它们能够保持相对恒定的体温。

毛茸茸的外表

很多哺乳动物都有属于自己的“外套”，我们称其为毛皮。尽管一些哺乳动物的毛不是很旺盛，但它们也不是光秃秃的，即使是大象或者鲸，它们仍然有属于自己的“薄毛衣”！

母乳

哺乳动物妈妈们会用自己的一些腺体来分泌乳汁，除哺乳动物外，没有任何一种动物会用这种方式产奶。

刚出生的小宝宝

几乎所有哺乳动物一出生就是可以活动的幼崽，而非像鸟类下蛋那样。

人类也是哺乳动物

你对以上这些特征熟悉吗？这是因为人类也是哺乳动物。我们人类这一物种的学名是“智人”，意思是“拥有智慧的人”。

最大的哺乳动物是蓝鲸——它身长33米，重达200吨——这可比20头大象还要重！

马来熊

马来熊会爬到树上寻找它最爱吃的食物——昆虫。它会撕开一个蚁巢或者蜂巢，然后把里面的蜂蜜、昆虫和它们的卵吸得干干净净。

世界真奇妙！

马来熊是世界上最小的熊，它的体重大约是36千克，和拉布拉多犬的体重差不多！

超级数据

名称：马来熊　**寿命：**25年

身高：约1.4米　**体重：**27至65千克

食物：水果、鸟、小型啮齿类动物、昆虫

栖息地：热带雨林

主要分布：孟加拉国、文莱、柬埔寨、印度、印度尼西亚、老挝、马来西亚、缅甸、泰国、越南

大熊猫

大熊猫只喜欢吃一种食物——竹子。但不幸的是，竹子并不是特别有营养。为了获得足够的能量维生，大熊猫必须要花好长时间来吃东西。除去吃东西的时间，剩下的时间它们都在睡觉。

世界真奇妙！

一只大熊猫每天会花16个小时在吃竹子上。

超级数据

名称：大熊猫

寿命：最多25年

身高：约1.8米

体重：约100千克

食物：竹子

栖息地：温带森林

主要分布：中国西南部

原驼

原驼主要生活在条件艰苦的高原地带。它每次呼吸摄入的氧气量只占身体所需的一小部分。但幸运的是，它的血液中有大量的红细胞，这意味着它可以很快地将氧气运输到身体的各个位置。

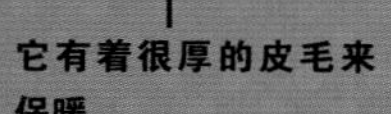

世界真奇妙！

我们称被人类驯化的原驼为美洲驼。

超级数据

名称：原驼

寿命：20至25年

身高：约1.1米

体重：约90千克

食物：青草、灌木、地衣、菌类、仙人掌、花朵等

栖息地：山区、高原、平原、海边

主要分布：南美洲安第斯山脉

单峰驼

这种骆驼特别适合在干燥的沙漠中生存。它可以通过排泄浓缩的尿液和干燥的粪便，使自己不用喝水也可以走好几天的路。

超级数据

名称：单峰驼
寿命：40年
身高：2米
体重：400至600千克
食物：植物，如含盐灌木
栖息地：干燥的沙漠地区
主要分布：非洲部分地区、中东、西南亚、澳大利亚

骆马

骆马，又名小羊驼，生活在山间的草原上，它体态优美且身姿轻盈。它会用粪便在群居的地方做标记。

世界真奇妙！

骆马的毛用处甚多，人们采集它的毛已有7,000多年历史。

超级数据

名称：骆马

寿命：15至20年

身高：约90厘米

体重：约50千克

食物：小草

栖息地：半干旱草原区

主要分布：南美洲南部的安第斯山区

非洲野驴

这种驴子的生命力很顽强！它以沙漠中带刺的植物为食，并且可以连续三天不喝水。

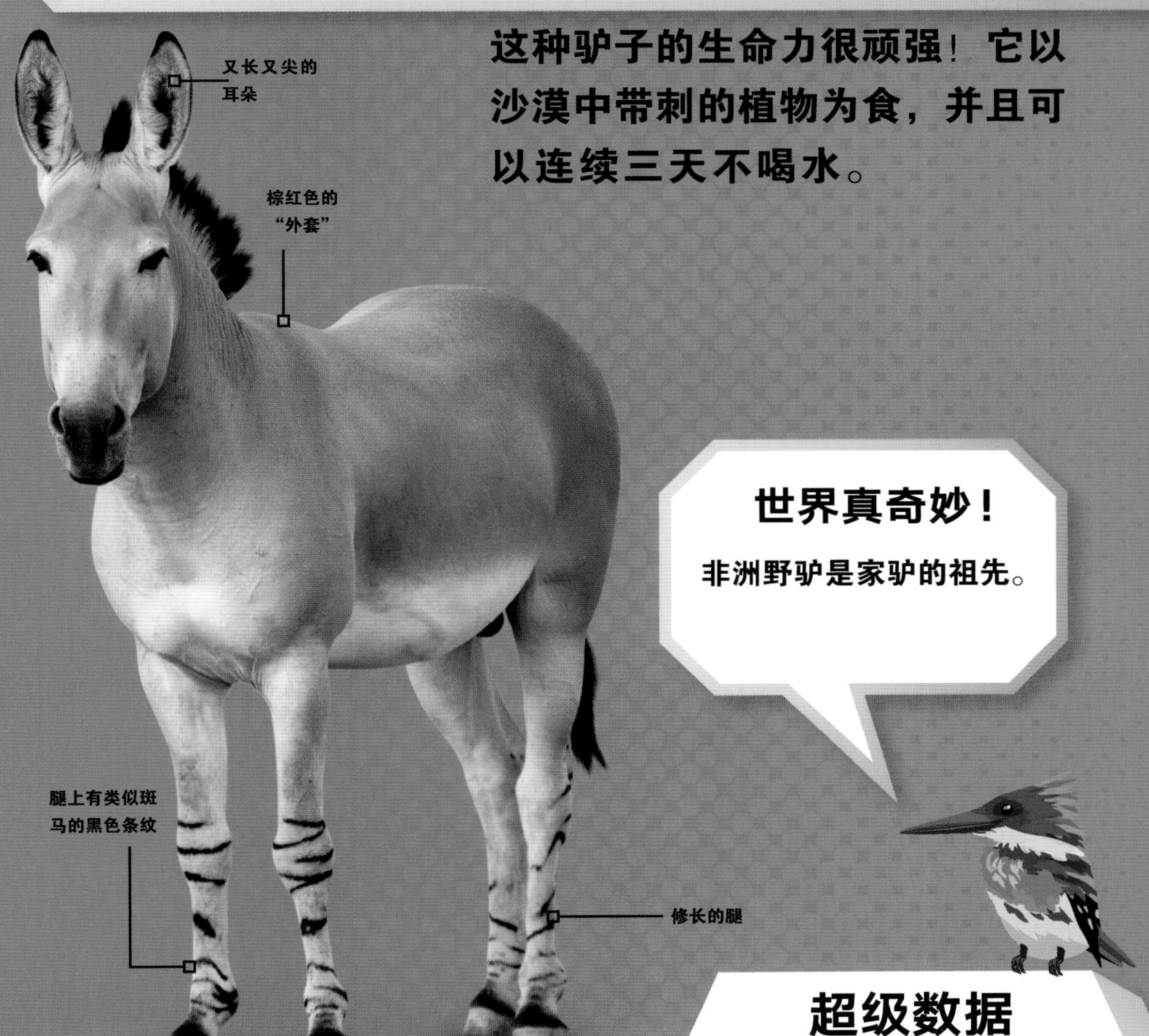

世界真奇妙！

非洲野驴是家驴的祖先。

超级数据

名称： 非洲野驴

寿命： 约20年

身长： 约2米　**尾长：** 约42厘米

体重： 约250千克

食物： 小草

栖息地： 干旱灌木丛、半干旱灌木丛、草原

主要分布： 厄立特里亚、埃塞俄比亚、索马里

非洲狮

狮子大多群居生活。通常来说，狮群中有两三只雄狮保护自己的族群免遭别的狮群伤害，其中会有一只雄性头狮。而雌狮会合作捕猎供狮群享用。

世界真奇妙！

狮子是唯一能够打败比它自身大的动物的大型猫科动物。

尾巴尖处的那一束毛是用来与其他狮子交流的

毛茸茸的鬃毛可以帮助雄性狮子吸引异性

狮子不使用爪子的时候，可以将爪子缩回去

超级数据

名称：非洲狮

寿命：15年

身长：3米　尾长：1米

体重：190千克

食物：斑马、牛羚（又称角马）、羚羊和其他野生动物

栖息地：草原和沙漠

主要分布：非洲撒哈拉沙漠南部

豹

豹又称花豹、金钱豹，它可以趴在高高的树上，观察草原的情况以寻找猎物。一旦抓到了猎物，它就会把猎物拖回树上，不让其他捕食者靠近它的“美餐”。

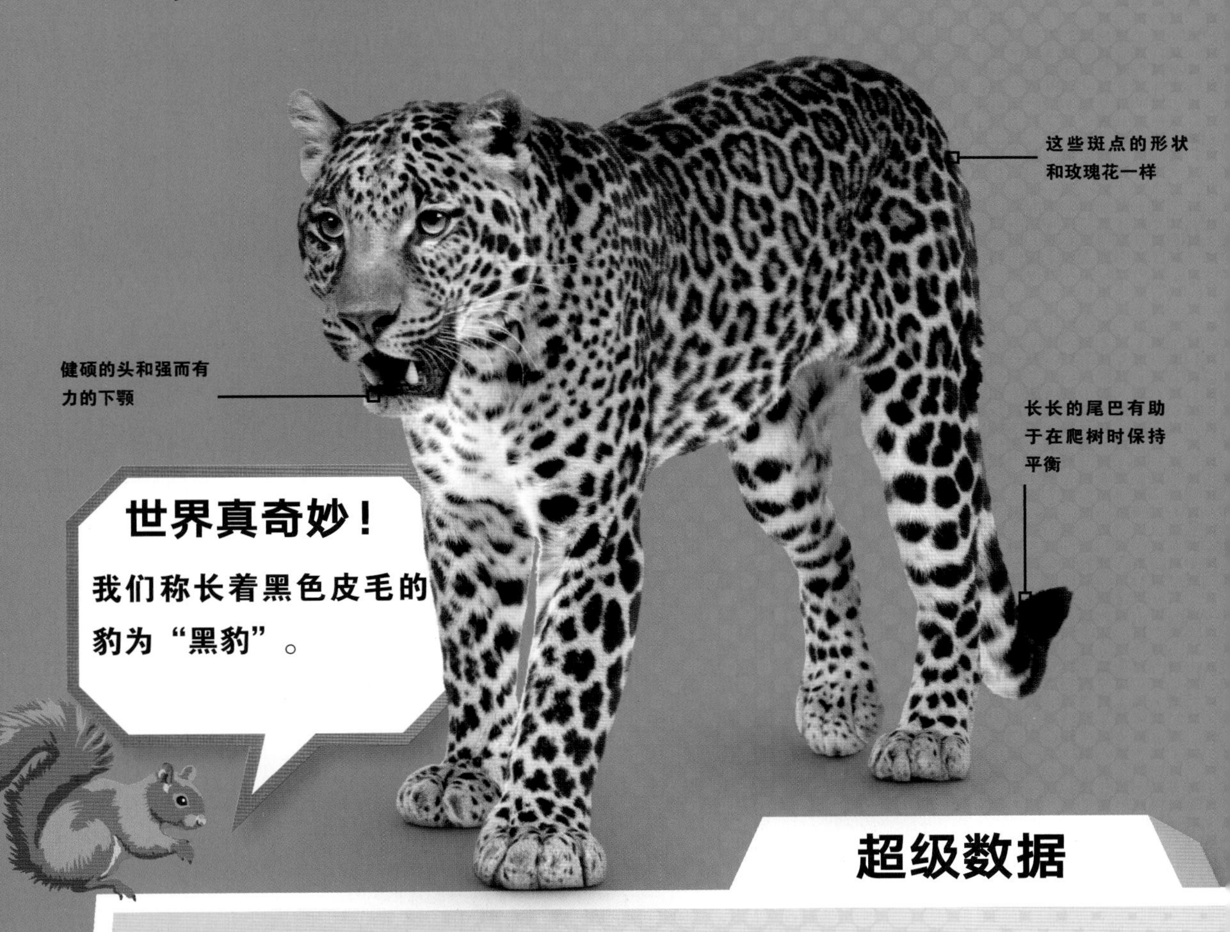

世界真奇妙！

我们称长着黑色皮毛的豹为“黑豹”。

超级数据

名称：豹
寿命：12年
身长：70至80厘米　尾长：约90厘米
体重：90千克
食物：疣猪、羚羊、狒狒以及其他动物
栖息地：森林、热带稀树草原、灌木丛、岩石区和沙漠
主要分布：非洲东南部、中部以及亚欧大陆

猎豹

猎豹又称印度豹，在陆地上没有什么动物可以跑得和猎豹一样快。对于抓捕猎物，速度是个很有用的绝活。猎豹在短距离内的奔跑速度可以比肩高速公路上的汽车，达到每小时112千米。

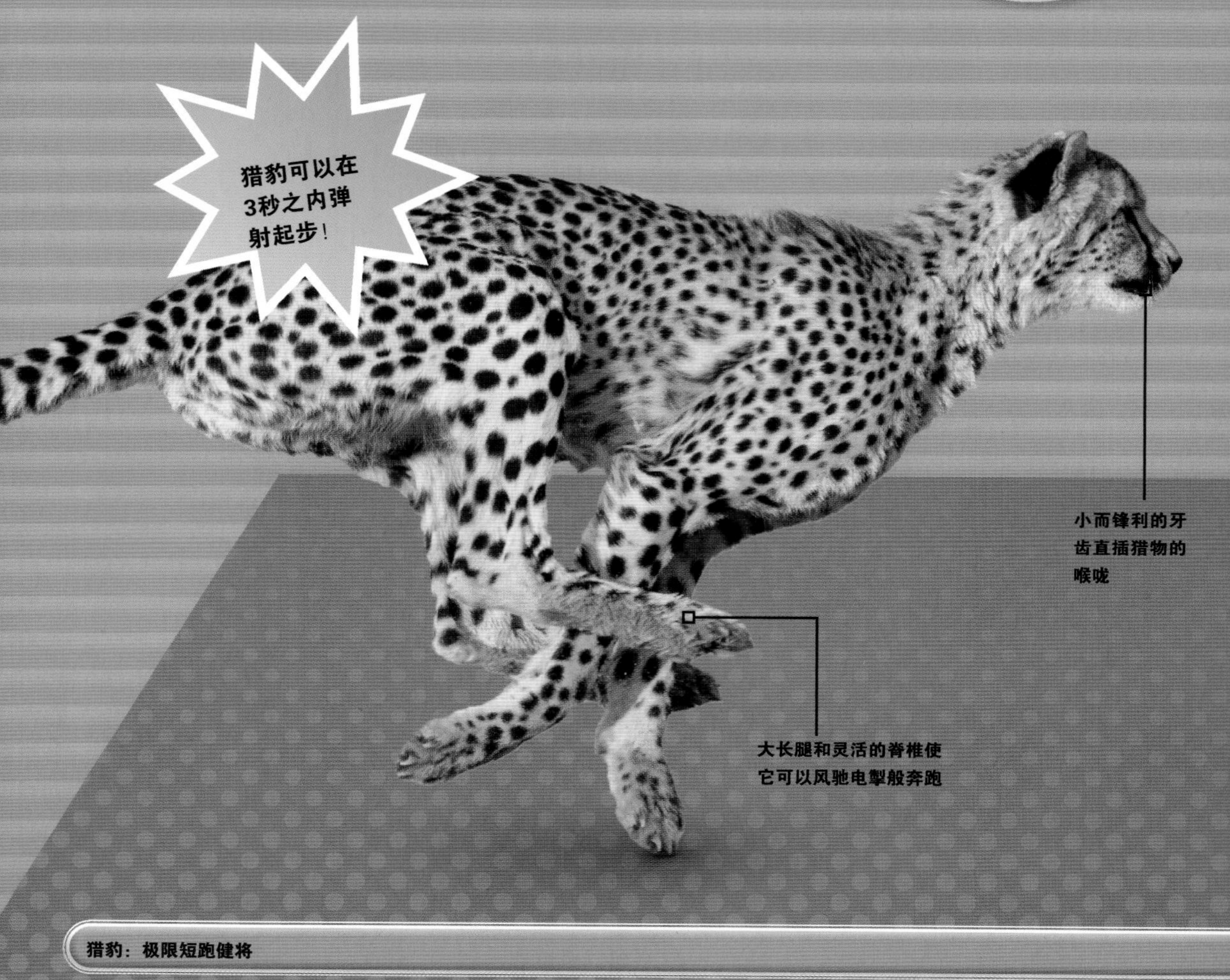

巅峰对决！

猎豹和跳羚都生活在非洲大草原上。它俩都以速度而闻名，不过跳羚还有“弹跳”这一看家本领。那么这群住在热带草原上的以速度著称的居民，谁会在这场比赛中获胜呢？

跳羚

当跳羚感觉到附近有捕食者时，它会通过“空中旋转跳跃”的舞姿来让自己看起来很难对付。如果这还不能够躲避风险的话，它还可以快速奔跑，时速高达89千米。

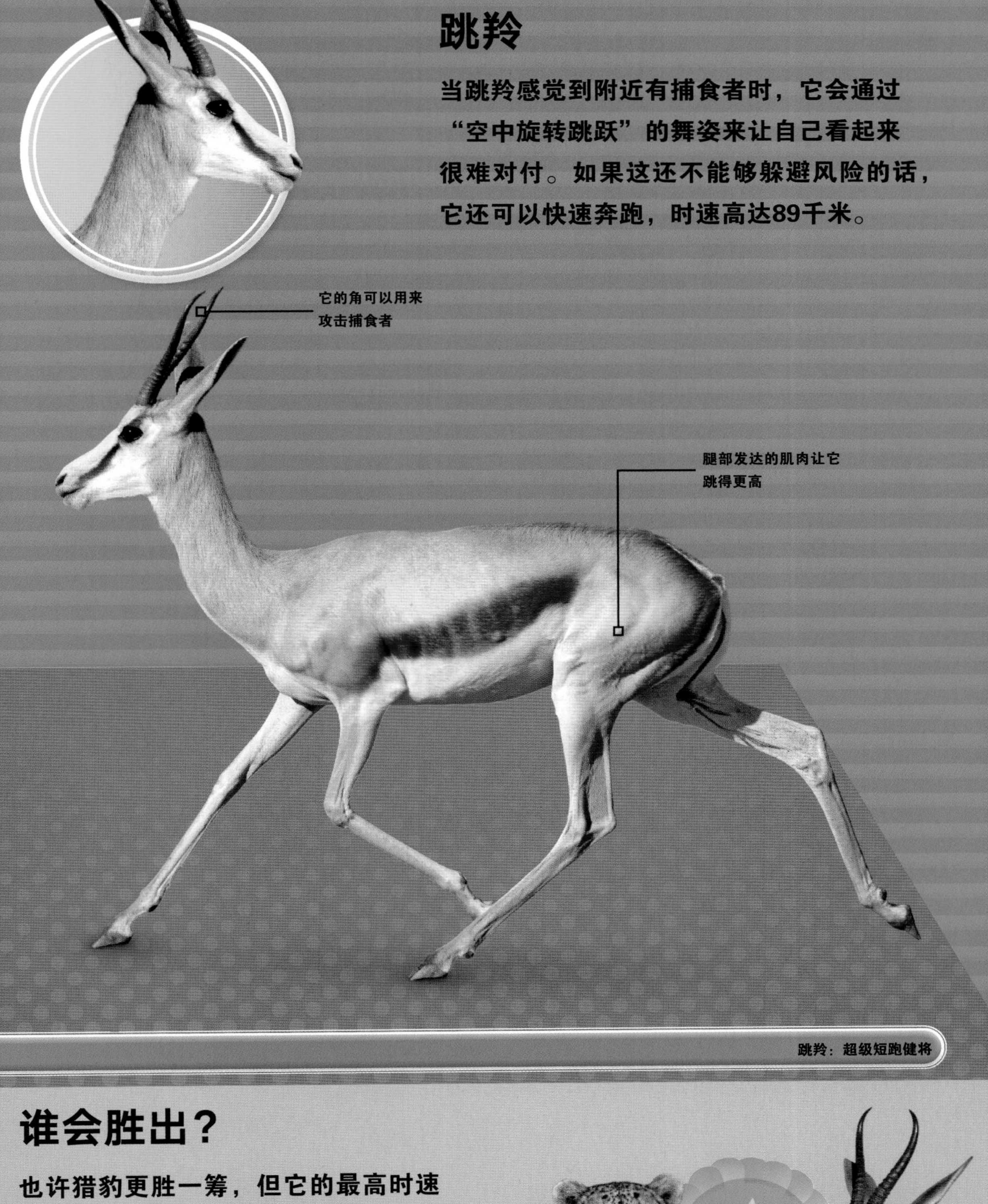

跳羚：超级短跑健将

谁会胜出？

也许猎豹更胜一筹，但它的最高时速只能维持一分钟。为了能够赢得比赛，它必须在捕猎开始前尽可能地靠近猎物。只要比赛时间超过一分钟，跳羚就会以迅雷不及掩耳的速度跑向远方。

南非地穿山甲

当遇到危险时，它会把自己缩成一团，用坚硬的鳞片当作盔甲，保护自己免遭攻击者的伤害。

世界真奇妙！

穿山甲是唯一有鳞片的哺乳动物。

非洲野犬

非洲野犬又名杂色狼、三色豺，它们会成群结队地打猎、生活，族群成员数量可以达到30只之多。第一只抓住猎物的非洲野犬会咬住猎物的鼻子，之后其余的非洲野犬会紧紧地抓住猎物。

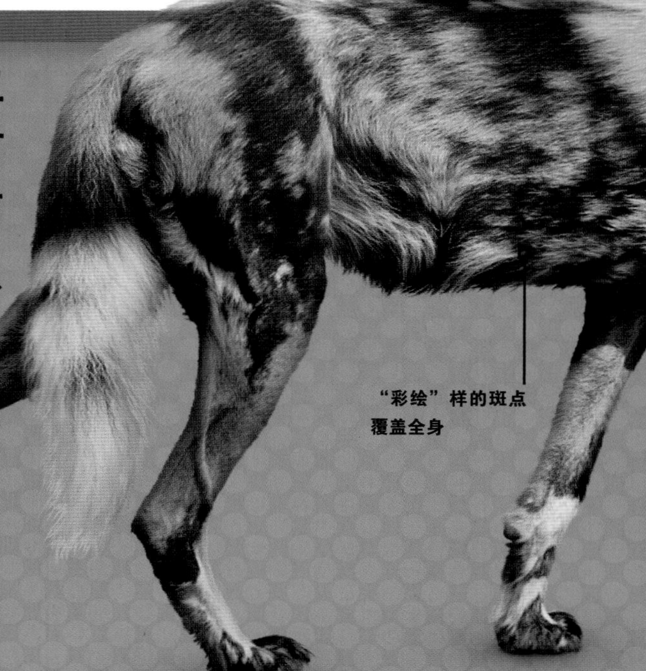

甲片非常厚，而且层
层堆叠在一起

超级数据

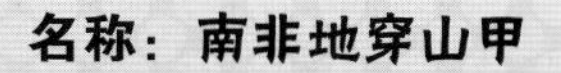

名称：南非地穿山甲

寿命：20年

身长：49厘米　尾长：27至70厘米

体重：20千克

食物：白蚁和蚂蚁

栖息地：森林、热带或亚热带草原

主要分布：非洲南部和东部的部分地区

它用很长而且沾
满黏液的舌头来
吸食昆虫

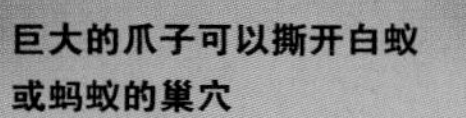

巨大的爪子可以撕开白蚁
或蚂蚁的巢穴

一对又大又圆的
耳朵

锋利的犬齿
能刺穿厚厚
的皮肤

超级数据

名称：非洲野犬

寿命：10至12年

身长：76至142厘米

尾长：1米

体重：18至31千克

食物：牛羚、瞪羚和别的动物

栖息地：丛林、草地、沙漠

主要分布：非洲南部和东部部分地区

世界真奇妙！

非洲野犬的每只脚有四个指头，比大多数犬类都要少一个指头！

刺猬

刺猬又名刺球子、猬鼠，当遇到危险的时候，它会把自己紧紧地缩成一团。缩成一团的刺猬就像一只长满刺的球——摸一下它，你的手会非常疼，捕食者也几乎无法打开它。

世界真奇妙！

一只成年刺猬身上有5,000至7,000根刺。

超级数据

名称： 刺猬

寿命： 7年

身长： 22至27厘米

体重： 1.1千克

食物： 昆虫、小型爬行动物、鸟类的蛋、腐肉

栖息地： 温带丛林、林地、草原、人类居所

主要分布： 亚欧大陆

狐獴

狐獴又名猫鼬、海猫、细尾獴。一群猫鼬中总会有一只竖直后腿去站岗，一旦发现危险，它就会立马叫喊，提醒同伴去安全的地方。

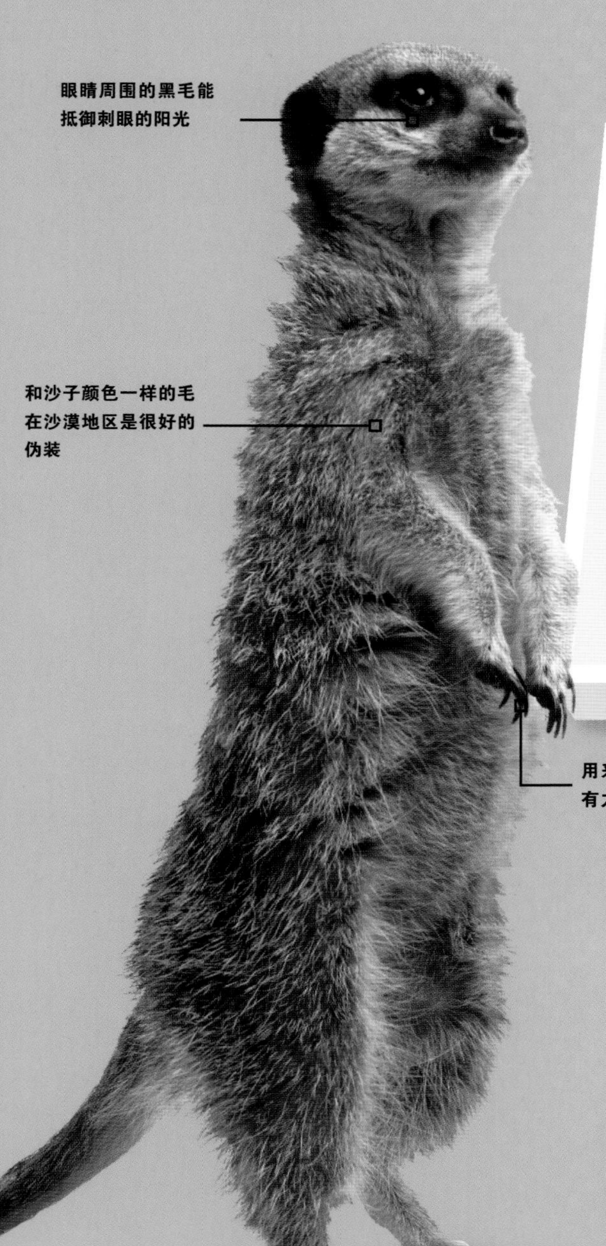

超级数据

名称：狐獴

寿命：12至14年

身长：22至27厘米

尾长：约19厘米

体重：不足1千克

食物：昆虫、蜥蜴、鸟类、小型蛇类以及啮齿类动物

栖息地：沙漠和草原

主要分布：非洲西南部

世界真奇妙！

狐獴喜欢吃蝎子！但为了避免被蝎子蜇到，它会先把蝎子的尾巴咬掉。

狼獾

超级数据

名称：狼獾
寿命：5至13年
身长：65至90厘米
尾长：13至26厘米
体重：9至30千克
食物：鹿、羊、小熊和别的动物
栖息地：北方针叶林、冻土地带、山区
主要分布：加拿大部分地区、美国、欧洲北部

狼獾又名貂熊。冰天雪地的环境对于这种顽强的哺乳动物来讲并不是什么大问题。它有力的爪子能够切碎冻得硬邦邦的肉。

世界真奇妙！

狼獾有着极灵敏的嗅觉！它们可以轻松地找到在雪下面躲藏着的动物。

褐喉树懒

褐喉树懒会倒挂在雨林高处的树枝上慢慢地、慵懒地爬行。但在水中，它会化身成一个令人惊讶的游泳高手，速度是在地面上的3倍！

眼睛周围有黑色印记

它用弯曲的爪子来抓住树枝

它有着浓密蓬松的毛，并且上面通常会长着一些绿藻

世界真奇妙！

树懒每周只排便一次。每次排便时，它都要慢慢地、慵懒地从树上爬到地面上。

超级数据

名称：褐喉树懒
寿命：30至40年
身长：52至54厘米
体重：不超过7千克
食物：伞树的树叶、花和果实
栖息地：热带森林
主要分布：美洲南部及中部

非洲冕豪猪

非洲冕豪猪浑身长满了锋利的尖刺，这让它成了一个可怕的对手。这种大型啮齿类动物可以攻击比自己大的动物，甚至可以攻击狮子！它一个转身，就可以让任何不友好的捕食者满脸是刺。

世界真奇妙！

非洲冕豪猪在遇到危险时，可以用刺攻击捕食者。

超级数据

名称：非洲冕豪猪

寿命：15年

身长：60至85厘米　尾长：8至15厘米

体重：30千克

食物：植物的根茎、水果、树皮和一些小动物

栖息地：草原、开阔林区和森林

主要分布：非洲部分地区和地中海地区

鸭嘴兽

鸭嘴兽又名鸭獭，它有一种特殊的能力——可以感觉到水中小动物的运动。这使得鸭嘴兽即使在看不到猎物的情况下（比如一些动物躲藏在泥巴里的时候），也能够捕捉到猎物。

世界真奇妙！

鸭嘴兽是哺乳动物中仅有的两种会下蛋的动物之一。

超级数据

名称：鸭嘴兽

寿命：12年

身长：30至45厘米　尾长：10至15厘米

体重：1至2.3千克

食物：昆虫的幼虫、龙虾、虾米、蠕虫、蜗牛和鱼类

栖息地：小溪、河流和湖泊

主要分布：澳大利亚东部和塔斯马尼亚岛

考拉

考拉又名树袋熊。对树情有独钟的考拉有种超能力——可以吃有毒的桉树叶，并且它只吃桉树叶。它每天都要吃掉多达500克的桉树叶。

世界真奇妙！

考拉一天可以睡21个小时。

超级数据

名称：考拉
寿命：约15年
身长：60至85厘米
体重：14千克
食物：桉树树叶
栖息地：桉树林地
主要分布：澳大利亚东部

红袋鼠

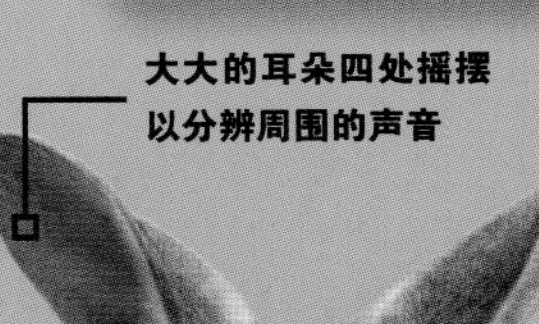

大大的耳朵四处摇摆以分辨周围的声音

红袋鼠又名赤大袋鼠，属于有袋类动物。红袋鼠宝宝刚出生时特别小，出生后的小家伙们前8个月都会在妈妈肚子上的育儿袋里度过。

世界真奇妙！

事实上，澳大利亚的袋鼠数量是当地人口的两倍之多！

袋子里的小家伙就是袋鼠宝宝

健硕且发达的后腿肌可以使它从路面上一跃而起

超级数据

名称：红袋鼠

寿命：20年

身长：1至1.6米　尾长：90至110厘米

体重：90千克

食物：小草、小树苗、树叶

栖息地：灌木丛和沙漠

主要分布：澳大利亚

宽吻海豚

宽吻海豚又称尖嘴海豚、瓶鼻海豚。它们十分喜欢彼此相伴并成群结队地生活在一起。“海豚群”成员可高达1,000只！它们沿着海面遨游，不时还会顺着海浪一跃而起。

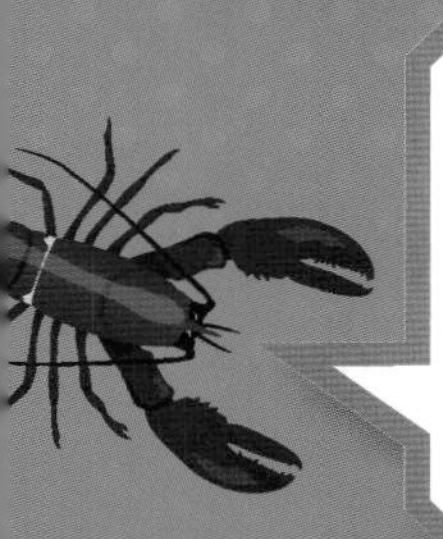

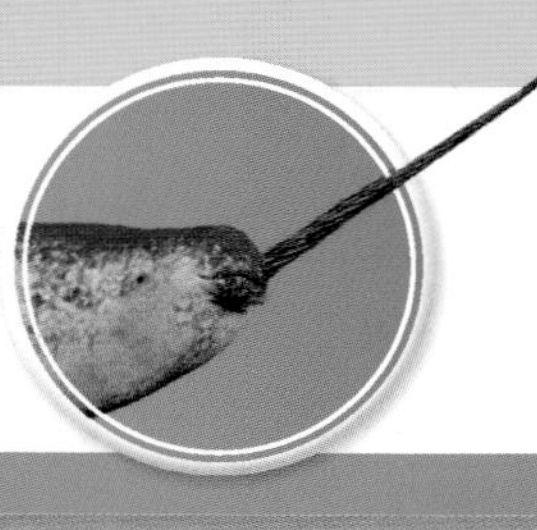

世界真奇妙！

每只海豚都有属于自己的独特的叫声，并且其他海豚都能够识别这种叫声。

独角鲸

独角鲸又被称为一角鲸。一直以来，独角鲸的角看起来都是很神秘的——它曾被认为是独角兽的角！但实际上，那根又宽又长的“角”是它们的牙齿。

超级数据

名称：宽吻海豚
寿命：50年
身长：2至4米
体重：150至650千克
食物：鱼类、鱿鱼和水母
栖息地：温带水域和热带水域
主要分布：世界各地

长长的螺旋形牙齿

独角鲸前额上的“小脑袋”是一种可以帮助它感知猎物的器官

前鳍用来控制方向

世界真奇妙！

只有雄性独角鲸拥有那种大长牙。

超级数据

名称：独角鲸
寿命：25至50年　身长：4至5米
体重：800至1600千克
食物：鱼类、鱿鱼、虾类
栖息地：寒冷的深海浮冰周围
主要分布：北冰洋（主要围绕加拿大、格陵兰岛以及俄罗斯西部）

港海豹

港海豹又名海豹、斑海豹。它大部分时间都待在水里。它靠后鳍来游动，前鳍则用来控制方向。

海象

雄性海象会为了赢得雌性海象的欢心而进行激烈战斗。当产生冲突时，它们会用锋利的长牙去撕咬对方。

世界真奇妙！

港海豹的脂肪层大约有8厘米厚！

超级数据

名称：港海豹

寿命：20至30年

身长：1.85米

体重：约130千克

食物：鱼类、鱿鱼以及甲壳动物

栖息地：港口、河海交汇处以及江河区域

主要分布：北太平洋和北大西洋

世界真奇妙！

当海象潜入水下时，它的鼻孔会自动闭合防止进水。

超级数据

名称：海象

寿命：40年

身长：2.2至3.6米

体重：约1.3吨

食物：蛤蜊、蚌、鱼类

栖息地：海岸边及冰架边

主要分布：北极及太平洋地区

厚厚的脂肪，皱皱的皮肤

亚马孙海牛

亚马孙海牛又称牛鱼，这种海牛生活在亚马孙河浑浊的水域，以及流入亚马孙河的众多河流当中。这是唯一生活在淡水中的海牛，别的海牛都生活在大海中。

大大的鼻子

用于在水中控制方向的脚蹼

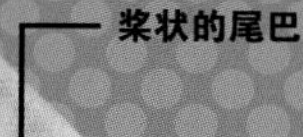

桨状的尾巴

超级数据

名称：亚马孙海牛
寿命：人工养殖情况下超过12年
身长：约2.8米
体重：约450千克
食物：水葫芦（凤眼兰）
栖息地：淡水河流、沼泽地、湿地
主要分布：南美洲亚马孙河流域

世界真奇妙！

亚马孙海牛与鲸鱼或海豹没有亲缘关系，但是和大象有亲缘关系！

海獭

海洋是海獭的家。它们在海洋中捕蟹、鱼、海胆，度过一生。

超级数据

名称：海獭

寿命：20年

身长：1.4至1.5米

尾长：25至35厘米

体重：33至45千克

食物：海胆、螃蟹和贻贝

栖息地：近岸海域和海藻林

主要分布：俄罗斯堪察加半岛北部沿海水域到美国的加利福尼亚、阿拉斯加

世界真奇妙！

海獭睡觉时是仰卧在水面上的！

雪豹

雪豹又称草豹、艾叶豹。这种大型猫科动物有着白色的皮毛和黑色的斑纹，所以能够隐藏在山里的雪和岩石当中，这样它就可以悄悄地接近猎物了！

世界真奇妙！

雪豹不能发出响亮的吼叫声，只能低声吼叫或发出咝咝声。

雪豹有着厚厚的、蓬松的灰白色皮毛，皮毛上带着些黑色斑点

它的尾巴可以卷起来绕在身子的周围，来给自己保暖

大爪子下长着些毛，使它在冰冷湿滑的岩石上不会打滑

超级数据

名称：雪豹

寿命：约12年　身长：75至150厘米

体重：60至180千克

食物：岩羊、盘羊、野山羊、土拨鼠（旱獭）、鼠兔、鹿和其他一些小型哺乳动物

栖息地：高山

主要分布：俄罗斯南部、蒙古、中国、阿富汗、巴基斯坦、印度、尼泊尔

狞猫

你可以通过这种小型猫科动物耳朵上的耳羽认出它来。狞猫是一个出色的"跳高运动员"，它可以跳到比自己大的猎物上！

超级数据

名称：狞猫
寿命：约12年
身长：83至123厘米
体重：9.5至18千克
食物：鸟类、啮齿类动物、小羚羊
栖息地：森林、稀树草原、灌木丛
主要分布：非洲和中东

长着绒毛的耳朵有着极其敏锐的听力

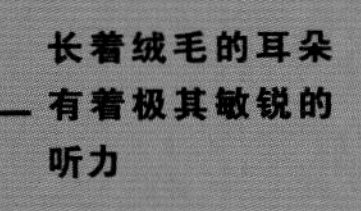

沙色的"外套"

世界真奇妙！

狞猫有着极佳的听力，它甚至可以听到一只老鼠的脚步声。

和别的野生猫科动物相比，狞猫有着非常短的尾巴

美洲狮

美洲狮又名山狮、美洲金猫。它强壮有力，十分擅长攀爬、游泳、跳跃和奔跑，也可以为了捕猎而行走非常远的距离。

厚厚的“毛衣”

强壮且肌肉发达的身躯

短而有力的腿

东北虎

东北虎又被称作西伯利亚虎、阿尔泰虎等，这种看起来很凶猛的猫科动物是所有猫科动物中最大的一种。

世界真奇妙！

东北虎的体重可以达到300千克，大约是4个成年男性的体重。

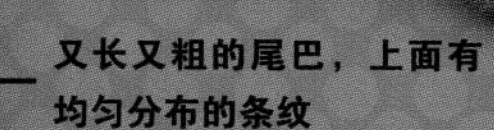

又长又粗的尾巴，上面有均匀分布的条纹

超级数据

名称：美洲狮

寿命：13年

身长：约1.2米　尾长：63至96厘米

体重：42至62千克

食物：哺乳动物，如鹿和兔子

栖息地：沙漠灌木丛、丛林、沼泽地、森林

主要分布：从阿拉斯加东南部到阿根廷南部和智利

世界真奇妙！

美洲狮每次能跳大约12米远。

超级数据

名称：东北虎

寿命：10至15年

身长：1.5至2.9米　体重：约190千克

食物：大型哺乳动物，例如鹿

栖息地：森林

主要分布：俄罗斯东部、中国北部和朝鲜半岛

水源地

为什么大象、斑马和跳羚们会成群结队地出现在纳米比亚的这个地方呢？因为在干燥的季节，热带稀树平原上许多河流和水塘都干涸了。而动物们需要饮水，所以它们就成群结队地来到了少数几个仅存水源的地方。

梅氏更格卢鼠

这种在沙漠中顽强生存的鼠类生来就是为了跳跃，它会时不时地从一个地方跳到另一个地方去。它每次跳跃可以达到不可思议的2.75米远。当危险逼近时，它会立即跳走，躲避危险。

梅氏更格卢鼠：跳远冠军

巅峰对决！

两位腿上像长了“弹簧”一样的远近闻名的挑战者已经准备好来一场比赛啦！它们都以各自不可思议的跳跃能力而闻名，但是究竟谁跳得更远呢？

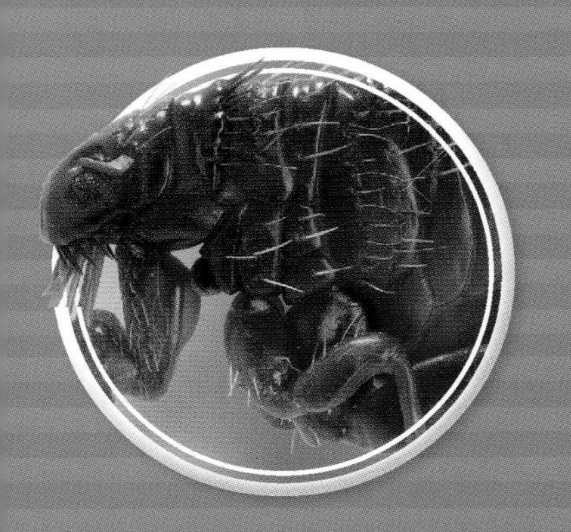

猫蚤

这种小昆虫舒适地生活在宠物猫的皮毛里，以它们的血液为生。它可以在动物间来回跳跃，每次跳跃都可以达到34厘米的距离。

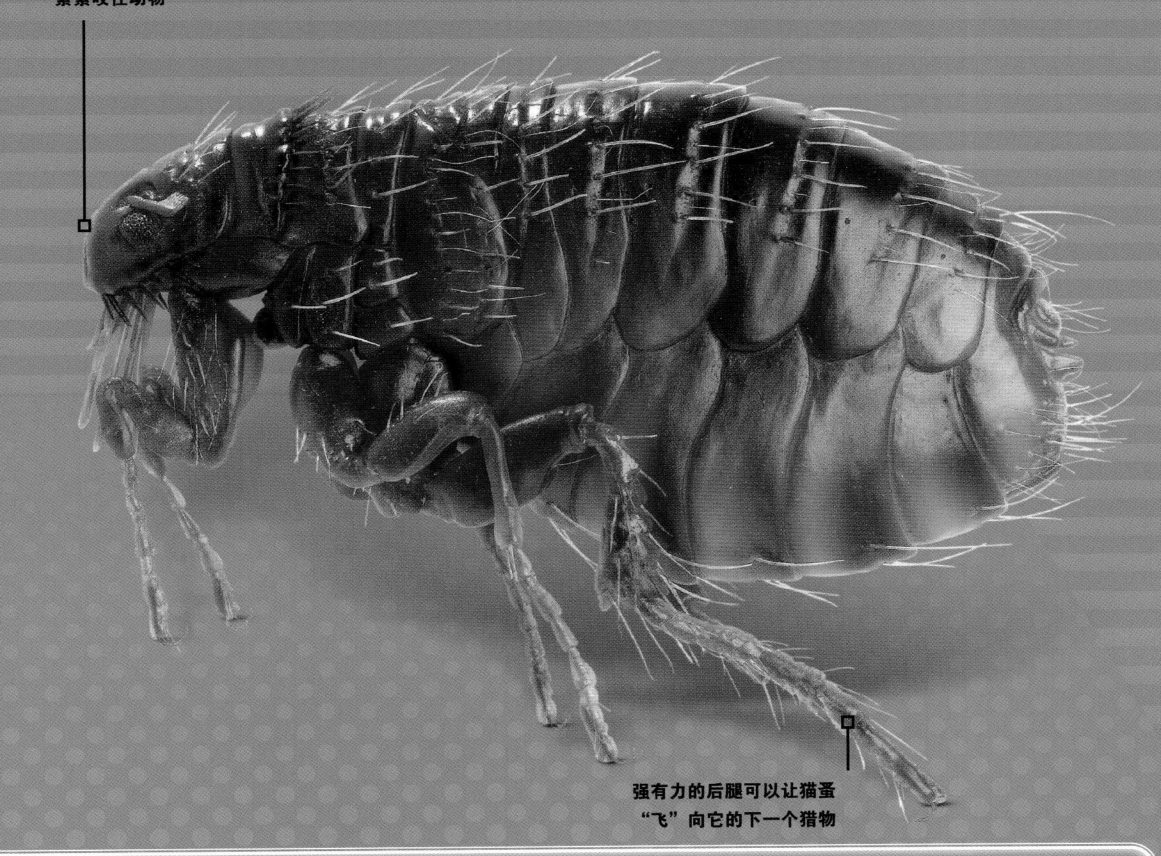

猫蚤：跳远冠军中的“吸血鬼”

谁会胜出？

梅氏更格卢鼠跳得比猫蚤远。但猫蚤每次跳跃的距离都几乎是自己身长的130倍，然而梅氏更格卢鼠只能跳自己身长的55倍远，所以如果考虑它们的身长的话，猫蚤则更胜一筹。

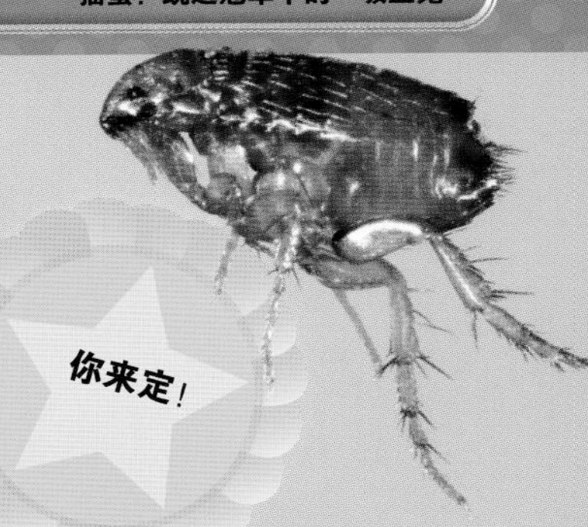

长鼻猴

长鼻猴又名天狗猴，这种有着长鼻子的猴子住在热带雨林中距离水源地不远的地方。它是杰出的游泳专家，必要时甚至还可以在水下潜泳20米的距离。

世界真奇妙！

长鼻猴的鼻子十分长，以至于它推开鼻子才能吃到东西。

超级数据

名称：长鼻猴

寿命：最高20年

身长：56至72厘米　尾长：56至75厘米

体重：10至20千克

食物：树叶、种子、未成熟的水果，偶尔也会吃一些昆虫

栖息地：红树林沼泽和河流

主要分布：印度尼西亚婆罗洲岛上的森林

长须柽柳猴

长须柽柳猴又名长须狨。这种猴子住在高高的树梢上，在树枝间穿梭，寻找昆虫和果子。它通常会和其他种类的猴子一起生活。

世界真奇妙！

长须柽柳猴的孩子几乎都是双胞胎。孩子们除了由母亲喂食外，剩下时间都由父亲带着四处游历。

尾巴是身体的两倍长

小爪子可以从树枝和树叶上抓昆虫

超级数据

名称：长须柽柳猴　寿命：10至20年
身长：23至26厘米　尾长：35至42厘米
体重：约0.5千克
食物：主要吃果子，但也会吃一些昆虫、树胶、花蜜和树叶
栖息地：低地和山地雨林，季节性淹没的森林
主要分布：秘鲁东南部、玻利维亚西北部、巴西西北部

环尾狐猴

人们发现了这种灵长类动物在地球上唯一的栖息地——马达加斯加岛。大多数的狐猴更喜欢待在树上来消遣时间，但人们却经常在森林的地面上发现这种尾巴上有条纹的狐猴。

强壮的后腿可以让环尾狐猴从地面直接跳到树上

环尾狐猴把它那引人注目的条纹尾巴竖得高高的，以此示意同伴们到它那里去。

超级数据

名称：环尾狐猴
寿命：16年
体长：约45厘米
尾长：61厘米
体重：2.5至3.5千克
食物：树叶、水果和各种花
栖息地：开阔的地方以及森林
主要分布：马达加斯加西南部

世界真奇妙！

雄性环尾狐猴可以用特殊的腺体散发“臭气弹”，它用尾巴扑打着散发出臭气，以此向对手发动“臭臭战争”。

眼睛里的反射层可以让它们在夜晚时看得更清楚

环尾狐猴在地面上的大部分时间是使用四只脚走路的

蜂猴

蜂猴看起来很可爱，但这种小型灵长类动物是有毒的！它是唯一有毒的哺乳动物，毒液产自它肘部的一个特殊腺体。

超级数据

名称：蜂猴
寿命：约17年
身长：26至38厘米
尾长：5厘米
体重：1.2千克
食物：鸟类、蜥蜴、水果
栖息地：热带森林
主要分布：东南亚

世界真奇妙！

蜂猴妈妈会舔舐自己的孩子，用含有毒性的唾液在孩子身上涂一层保护层。

又厚又软的棕色皮毛

大眼睛使它在黑暗中也能看得清楚

长长的手指帮助它抓住树枝

短尾矮袋鼠

短尾矮袋鼠又被称作短尾灰沙袋鼠、短尾小袋鼠，是一种特别小的袋鼠。它会用自己的后腿跳来跳去，晚上出来觅食。

世界真奇妙！

大多数短尾矮袋鼠都住在一个地方，那就是澳大利亚的罗特尼斯岛。

超级数据

名称：短尾矮袋鼠

寿命：约10年

身长：40至54厘米　尾长：25至35厘米

体重：2.5至5千克

食物：树叶、小草和水果

栖息地：茂密的森林、开阔的林地、低矮的灌木丛、沼泽地的边缘或河岸

主要分布：澳大利亚西南部

南方长颈鹿

长颈鹿已经完全适应了从树顶采摘食物。它的长脖子能让它够到树梢，长舌头则让它能从金合欢树的树刺之间摘下树叶。

超级数据

名称： 南方长颈鹿
寿命： 20至25年
身高： 4至5米
尾长： 0.5米
体重： 1,360千克
食物： 树叶、种子、水果、花蕾、含羞草以及金合欢树的树枝
栖息地： 开阔的林地、林木草原
主要分布： 非洲西部至东部

长颈鹿的大眼睛让它能看得很远

长颈鹿的长脖子让它能从树顶采摘食物

又瘦又长的腿

世界真奇妙！

长颈鹿脖子里骨头的数量和我们人类一样，都是七块。但它脖子里的骨头比我们的长多了！

美洲野牛

美洲野牛又被称作美洲水牛、犎牛。这种体形庞大的动物有着巨大的头和粗壮的脖子，十分凶悍。雄性美洲野牛在繁殖期会用自己强有力的身躯相互争斗。

超级数据

名称：美洲野牛
寿命：10至20年
身长：2.1至3.5米
尾长：30至80厘米
体重：350至1,000千克
食物：小草等植物、蜥蜴、水果
栖息地：山地、森林、草原
主要分布：北美洲西部和北部

世界真奇妙！

在美洲草原上曾经游荡着数量众多的美洲野牛群落，但它们中大多数都在19世纪时被猎人捕杀掉了。

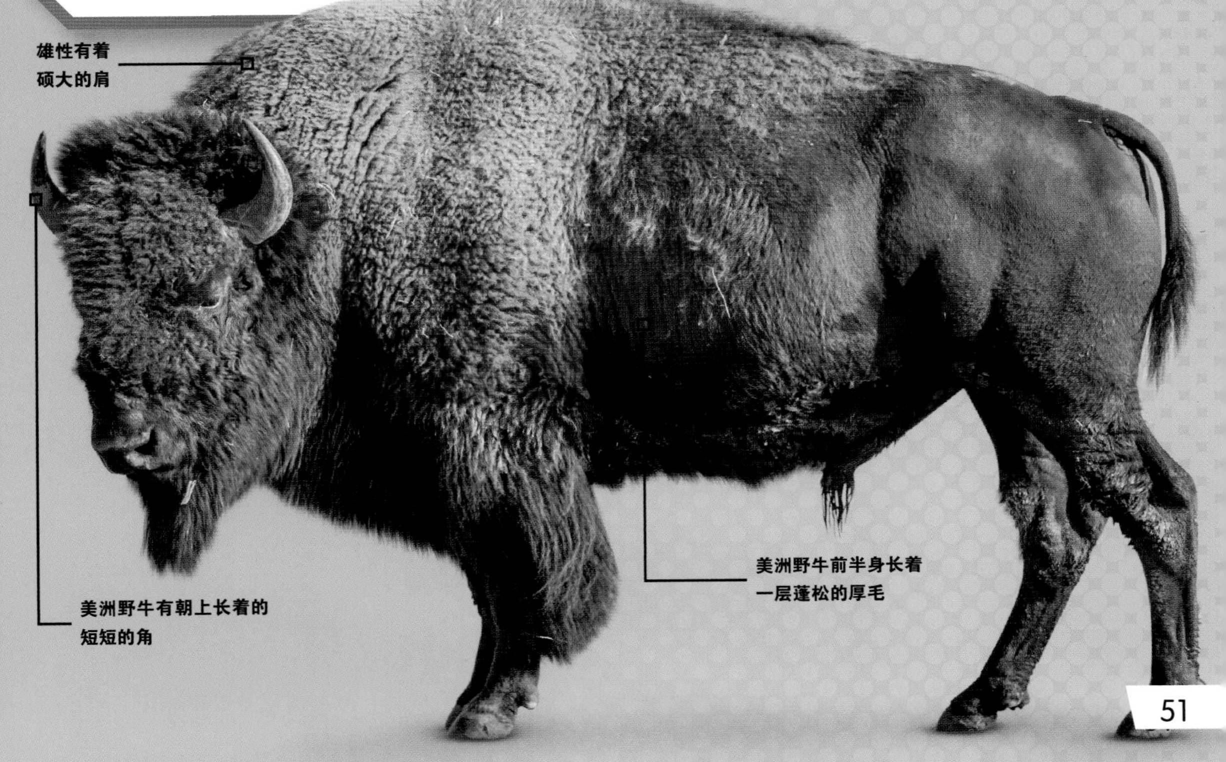

灰熊

这种巨大的熊有着强壮的身躯，是一种凶猛的食肉动物。但它不只吃肉，还会从小溪中抓三文鱼来吃，有时也会吃一些浆果和坚果。

世界真奇妙！

灰熊会不吃不喝度过冬眠期，长达四五个月。

超级数据

名称：灰熊
寿命：约25年
身长：2.8米
体重：410千克
食物：水果、植物、肉类、鱼
栖息地：森林、高山草甸，临近海边或有河流、小溪的大草原
主要分布：北美洲

灰熊锋利的牙齿使它能吃掉几乎任何食物

灰熊的棕色毛尖端呈银色，浓密地覆盖了全身

长且强壮的爪子帮助灰熊捉鱼和挖洞

北极熊

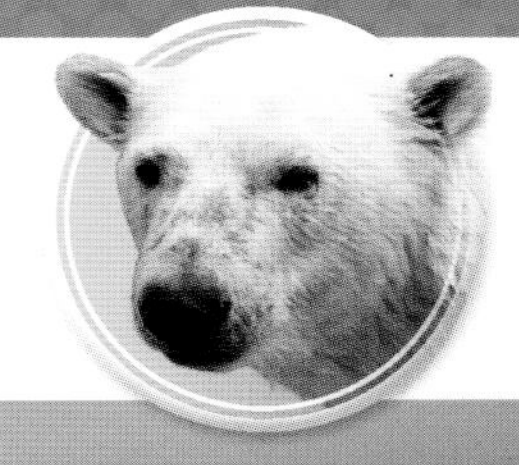

冰天雪地对于这种在极地居住的熊来说不是问题。它会花时间去猎捕海豹，或者在大海中漂浮的冰块之间游泳。

世界真奇妙！

北极熊可以连续6个月不吃一顿饭。

超级数据

名称：北极熊
寿命：25至30年
身长：2至2.5米
体重：725千克
食物：海豹、海鸟、驯鹿、鱼类，有时也会吃一些植物
栖息地：北极的浮冰和苔原
主要分布：北极地区的海岸以及岛屿

驼鹿

强壮的驼鹿是世界上最大的鹿类。它孤身度过食物充足的夏天后，冬天会和其他驼鹿一起踏上寻找食物的新征程。

世界真奇妙！

雄性驼鹿的鹿角会在每年冬天脱落，到了第二年夏天又会重新长出来。

超级数据

名称：驼鹿
寿命：15至20年
身长：2.5至3.2米
体重：816千克
食物：树叶、根茎、树枝、灌木苗的树皮
栖息地：森林沼泽区
主要分布：北美洲北部地区、欧洲、亚洲

驯鹿

驯鹿又被称为北美驯鹿，雪地就是它的归宿。它一生都在和鹿群迁徙以及寻找食物中度过。有的驯鹿群每个季节能迁徙1,200千米远。

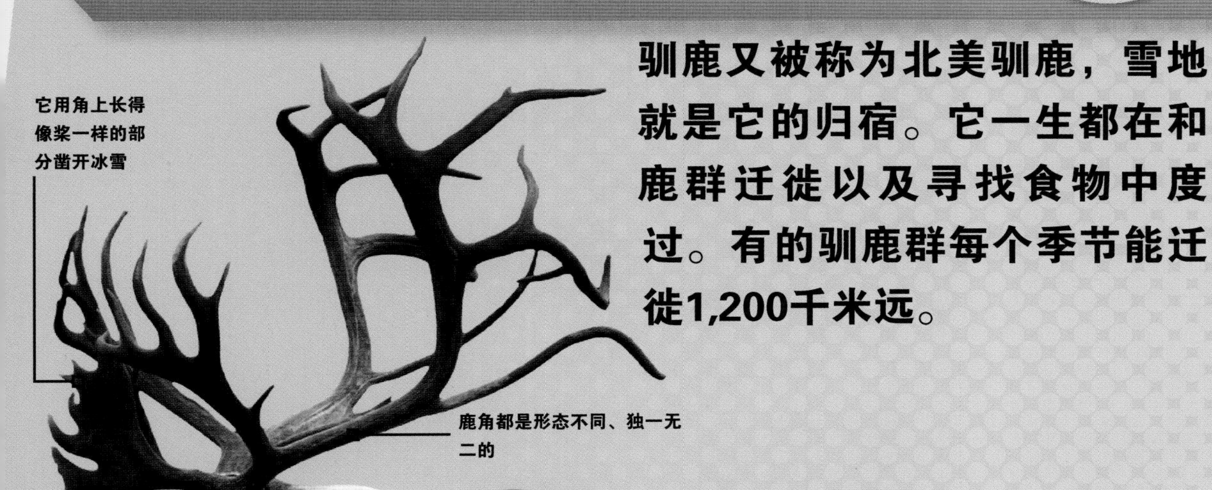

世界真奇妙！

雌驯鹿是唯一长鹿角的雌性鹿类。

超级数据

名称：驯鹿

寿命：15至20年　身长：1.2至2.2米

体重：317千克

食物：苔藓、菌类、蕨类植物、草以及树叶

栖息地：高山冻原和原始森林

主要分布：北极冻原和格陵兰附近的森林、斯堪的纳维亚、俄罗斯、阿拉斯加、加拿大

小臭鼩

这种小小的啮齿动物是世界上体形最小的哺乳动物之一，体重比大黄蜂还要轻！它在白天和晚上都特别活跃，一天只需要休息几个小时。

光秃秃的细尾巴

世界真奇妙！

一只雌性小臭鼩每年最多可以生下6只小宝宝！

泰国猪鼻蝙蝠

对于这种世界上最小的蝙蝠而言，洞穴就是家。它们习惯一起抱团睡觉。一个泰国猪鼻蝙蝠群落大约有100只。只有当夜幕来临之际，它们才会出动去抓小虫子吃。

鼻子长得像猪鼻子

超级数据

名称：小臭鼩

寿命：约2年　身长：6至10厘米

体重：约2克

食物：昆虫、蠕虫、蜗牛以及蜘蛛

栖息地：灌木丛

主要分布：欧洲南部、亚洲南部至东南部、斯里兰卡、非洲北部至东部、西非

超级数据

名称：泰国猪鼻蝙蝠

寿命：5至10年

身长：3至3.5厘米

体重：2克

食物：昆虫

栖息地：洞穴

主要分布：泰国和缅甸

灵敏的大耳朵可以分辨出猎物的动向

翅膀由坚韧轻薄的皮肤构成，覆盖在细长的手指上

世界真奇妙！

这种蝙蝠有时被称为大黄蜂蝠，因为它小到能趴在人类的指尖上！

沟通与交流

动物之间相互沟通交流的方式和我们一样。它们通过交流寻找同伴、共同觅食、避免斗争。

肢体接触

许多动物通过与其他动物相互触碰或安抚对方来建立关系，倭黑猩猩互相梳理毛以增进它们之间的联系，这对于群体生活来说是很重要的。

梳毛可以把小虫子和其他脏东西从身上清理掉

狼是通过嚎叫来与狼群交流的

声音

每一种叫声对于发出声音的动物而言都有意义，并且能够被其他同类所理解。举个例子，它们可能会发出叫声以示意“附近有危险”。

化学物质

一些爬行类动物用化学物质进行交流。雄性蜥蜴的腿部内侧有可以产生特殊化学物质的腺体，这些化学物质可以用来向别的蜥蜴介绍自己。

蜥蜴用舌头来理解其他同类留下的“化学信息”

用树枝或其他东西来建立联系

视觉

一些动物通过使用视觉符号，例如它们身体上的印记，或者是在黑夜中发光，来和其他动物进行交流。雄性凉亭鸟就可以通过用色彩缤纷的物体装饰自己搭建的“凉亭”来吸引异性。

普氏野马

普氏野马又名亚洲野马、蒙古野马、准噶尔野马。这是世界上仅存的一种野生马。它们是群居动物，在一碧千里的平原上踱步，寻找美味的青草。

世界真奇妙！

这种马有如凿子般锋利的大门牙，能够帮助它嚼碎青草。

超级数据

名称：普氏野马
寿命：36年
身长：2.2至2.8米
体重：408千克
食物：青草、树叶、嫩芽
栖息地：草原
主要分布：蒙古

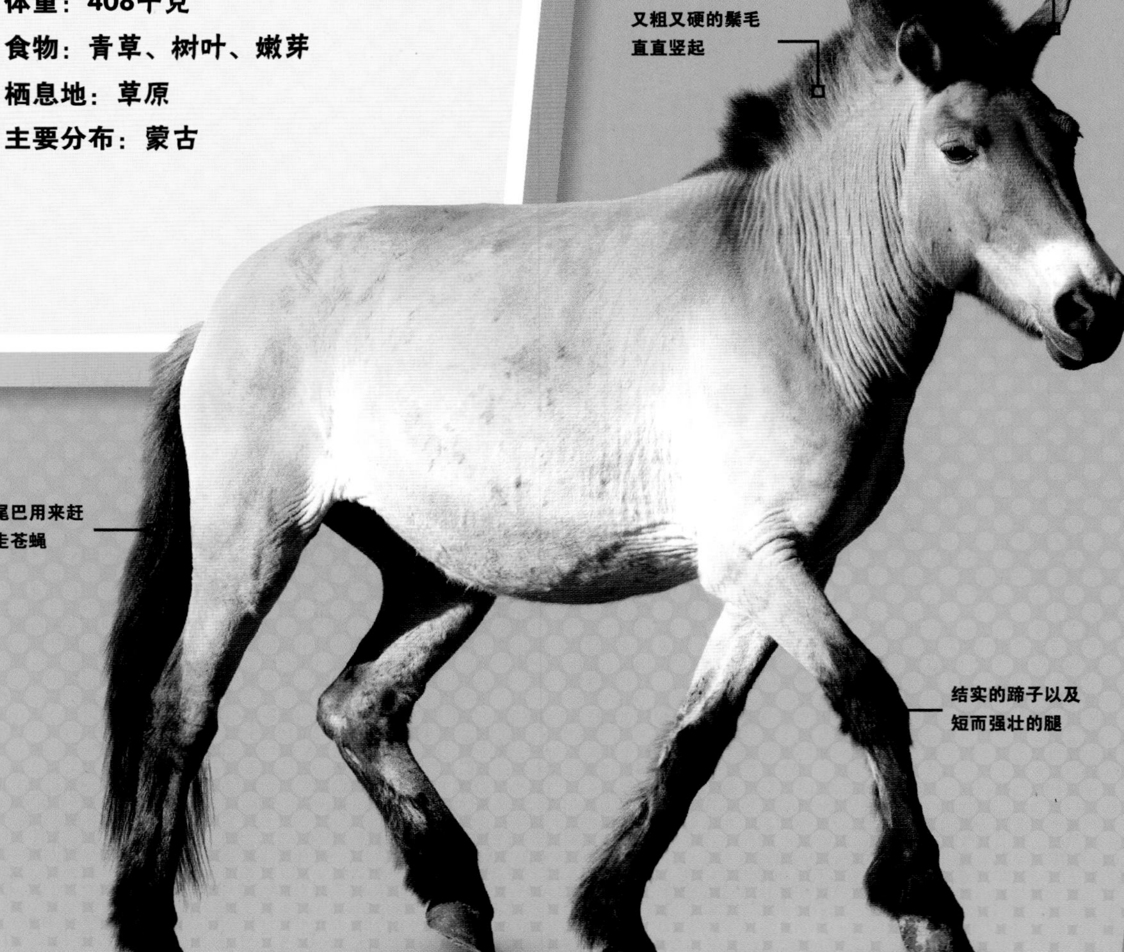

平原斑马

斑马成群结队地聚集在非洲中部的草原上，这种习性让狮子这样的“猎人”更加难以攻击到它们。

超级数据

名称：平原斑马
寿命：约25年
身长：2至2.4米
尾长：47至56.5厘米
体重：385千克
食物：青草
栖息地：开阔的草原和热带稀树草原
主要分布：非洲东部和南部地区

长长的冠状鬃毛上布满了条纹

身上黑白相间的条纹

用强壮的蹄子赶跑捕食者

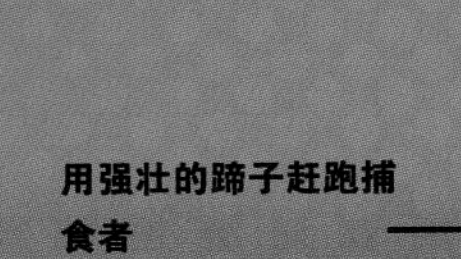

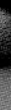

世界真奇妙！

每只斑马的条纹和人类的指纹一样，都是独一无二的。

蓝鲸

蓝鲸又名剃刀鲸，这种巨大的生物是地表现存最大的动物。蓝鲸的心脏有一辆小汽车那么大，舌头大到甚至可以让一头成年公象站在上面。

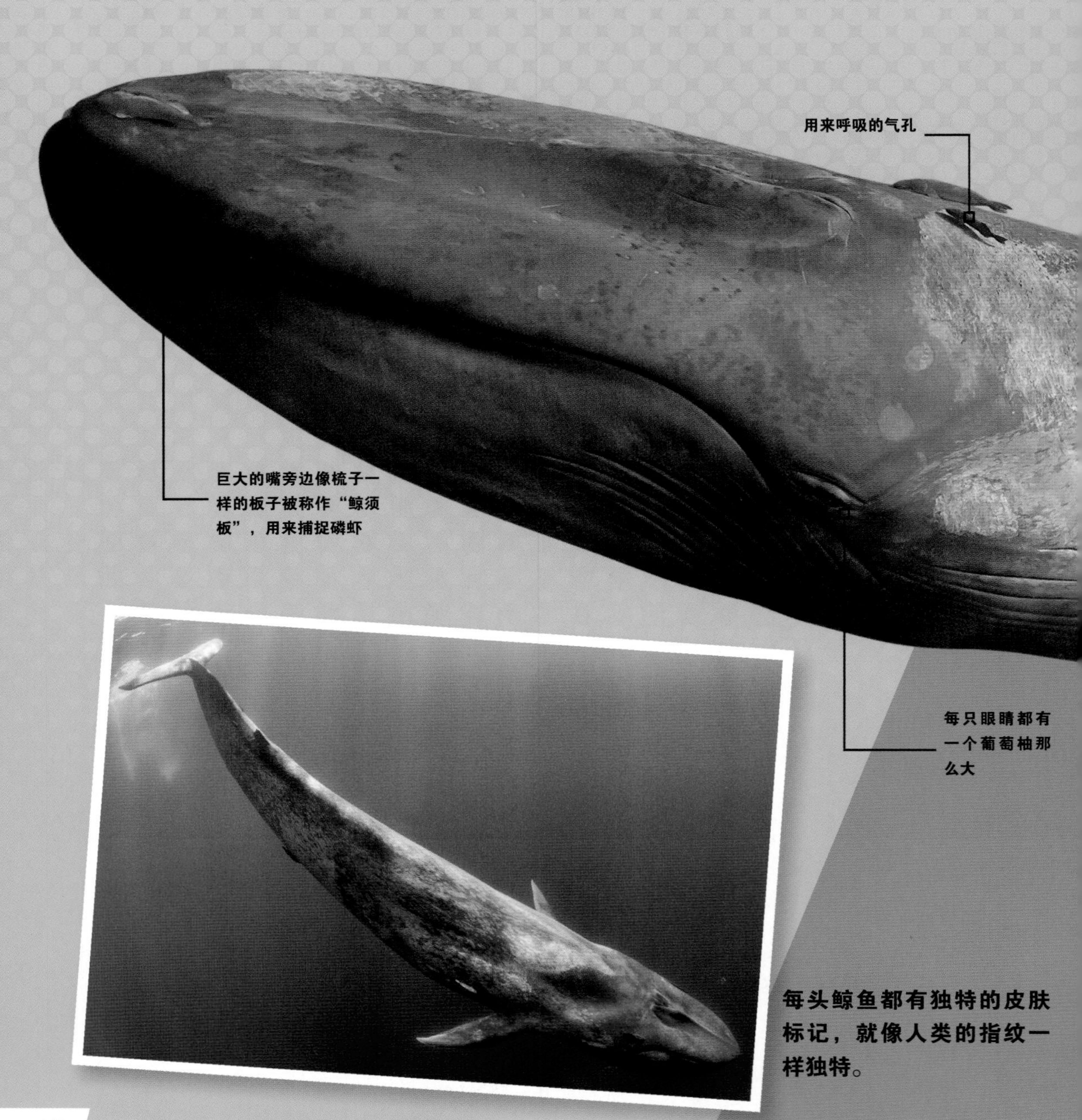

用来呼吸的气孔

巨大的嘴旁边像梳子一样的板子被称作“鲸须板”，用来捕捉磷虾

每只眼睛都有一个葡萄柚那么大

每头鲸鱼都有独特的皮肤标记，就像人类的指纹一样独特。

超级数据

名称：蓝鲸
寿命：80至90年
身长：32米
体重：180吨
食物：主要以磷虾为食
栖息地：海洋
主要分布：除北冰洋外的所有海洋

我们称它那分叉的尾巴为“尾鳍”

巨大的鳍状肢用来改变方向

世界真奇妙！

鲸鱼每天都会吃掉大约400万只磷虾！

家畜和家禽

数千年以来，人类一直与动物紧密地生活在一起。随着时间的推移，人类对于这些动物的驯养及育种导致这些动物已不同以往，它们已经成了全新的物种。

猫

人们饲养猫作为宠物已有7,000多年的历史。它们是得力的“家庭猎手”，能解决有害的动物，比如各种各样的老鼠。

犬类

大约在15,000年前，第一批被驯服的犬类就在帮助早期的人类打猎。如今，它们大都是受欢迎的宠物。

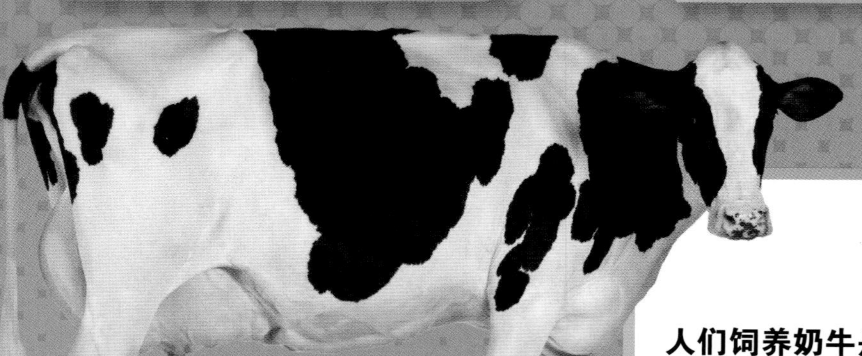

牛

人们饲养奶牛是为了获取它们的奶和肉。在过去，它们也常常被用来拉沉重的牛车。

马

在机动车辆出现之前，马是一种重要的交通工具。我们现在有了更快的出行方式，但骑马仍是一件令人享受的事。

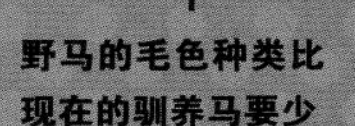

鸡

最早的鸡是生活在亚洲丛林里的红原鸡。现如今有数百种不同类型的家养鸡，为人们供应鸡肉和鸡蛋。

蜜蜂

人们在很长一段时间内，吃的都是野蜜蜂的蜜。现如今，蜜蜂是养殖的——人们建造并维护蜂房，然后获取蜂蜜和蜂蜡。

美洲驼

美洲驼原产于南美洲，是野生骆马的后裔。它们能搬运很重的货物，人类饲养美洲驼也是为了它们身上的毛、奶以及肉。

东部低地大猩猩

大猩猩以家庭为单位生活，每个家庭都会由最大的雄性银背大猩猩领导。这只银背大猩猩会保护自己的家人不被捕食者伤害，并且会击退任何雄性竞争对手。

身材魁梧，膀大腰圆

世界真奇妙！

猩猩夜晚会睡在自己搭建的窝棚里，猩猩妈妈会和它的宝宝相拥入眠。

它的手掌酷似人类的手掌，但比人类的手掌毛更多而且更有劲

超级数据

名称：东部低地大猩猩
寿命：35至50年
身高：1.2至1.67米
体重：200千克
食物：根茎、竹笋、水果
栖息地：热带雨林
主要分布：刚果民主共和国东部

苏门答腊猩猩

雨林是这种类人猿的家园。它生活在树冠的高处，在树梢间游荡着，寻找昆虫、鸟蛋和水果。

超级数据

名称：苏门答腊猩猩
寿命：45年
身高：1.2至1.5米
体重：30至90千克
食物：水果、树皮等植物、昆虫
栖息地：热带森林
主要分布：印度尼西亚苏门答腊岛北部

世界真奇妙！

树枝就是猩猩的“餐具”，它用树枝从虫穴里挖出昆虫，或者从蜂巢里挖出蜂蜜。

黑猩猩

这些聪明的猿类以家庭单位群居，其群体可高达30只。它们一起捕猎，甚至向其他黑猩猩群体发动战争。

世界真奇妙！

黑猩猩与人类是近亲物种。

超级数据

名称：黑猩猩

寿命：45年

身高：1.7米

体重：20至70千克

食物：水果、树叶、鲜花和种子

栖息地：热带森林和热带稀树草原

主要分布：中非

人类

相比于类人猿，人类的鼻孔更为紧凑

人类最早出现在25万年前的非洲，后由此处分散到了世界各地。人类现在遍布各个大洲，过着各式各样的生活。

世界真奇妙！

世界上有约80亿人口。

手的拇指可以向内弯曲，用来抓握

超级数据

名称：智人

寿命：平均寿命为66年

身高：平均170厘米

体重：平均80千克

食物：杂食

栖息地：各种环境

主要分布：全球

人类的脚掌比手更平，这使得人类能直立行走

美洲侏儒鼩鼱

它的体重只有2克，是美洲最小的哺乳动物。它总是在不断地寻找食物，如昆虫、蜘蛛和其他微型动物，平均15到30分钟就会捕获并吃掉一个猎物。

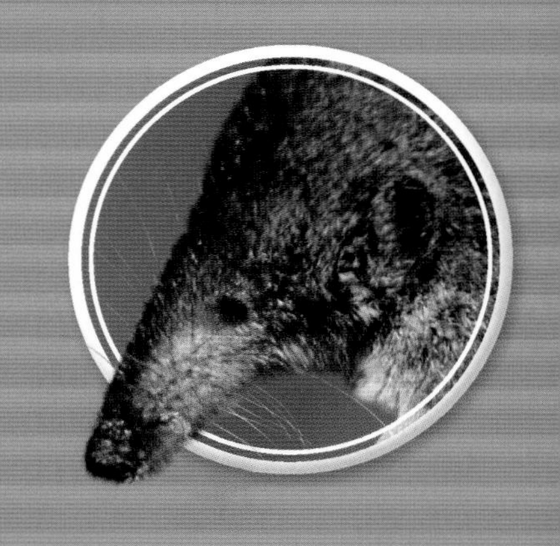

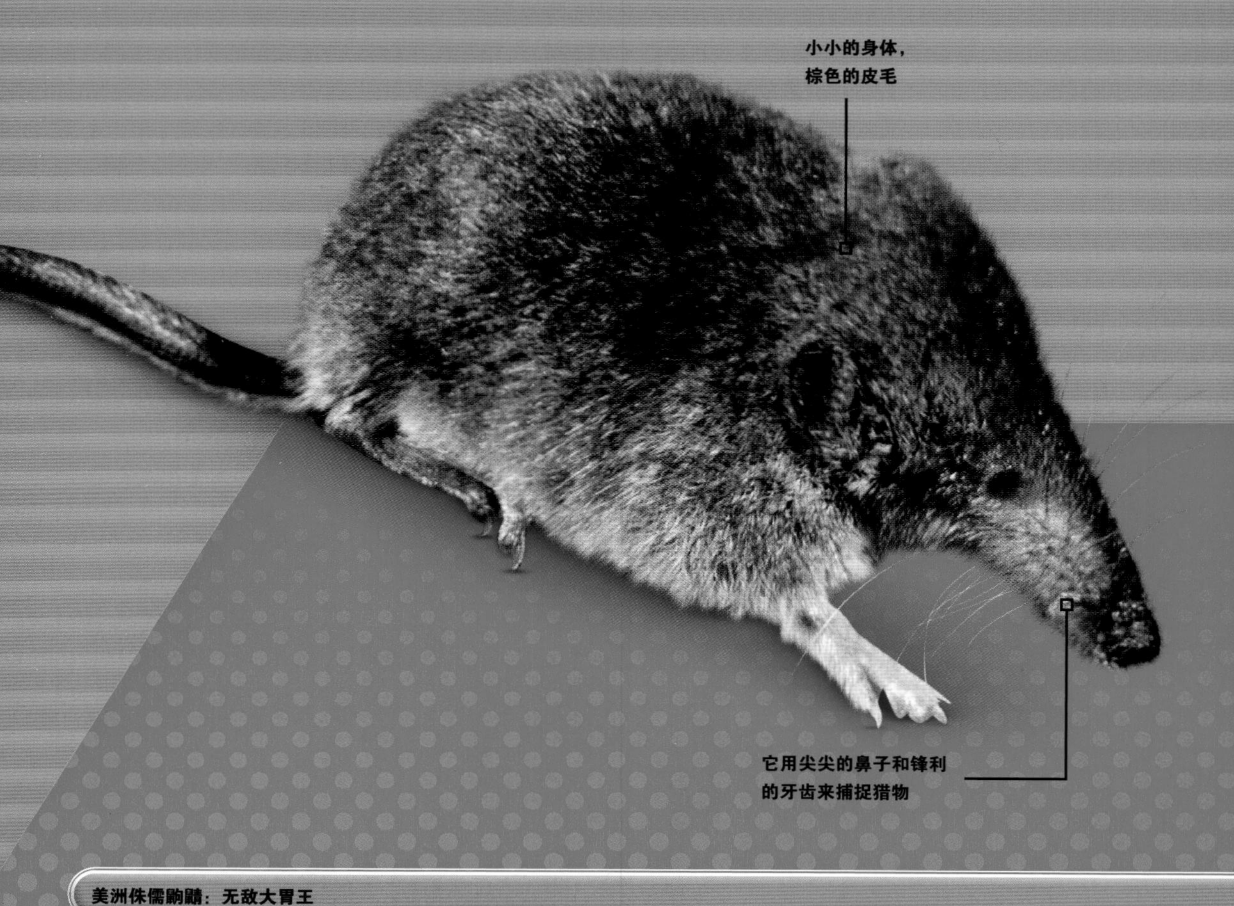

美洲侏儒鼩鼱：无敌大胃王

巅峰对决！

这两只竞争者体形虽小，但胃口却很大。为了维持小小的身体所需要的能量，它们必须不断地寻找食物。那么问题来了，它们中谁的食量更大呢？

蜂鸟

这只小鸟是世界上最小的鸟，体重只有2克。它飞来飞去，喝着花中含糖的花蜜。蜂鸟每天会“拜访”上千朵花，每10到15分钟进食一次。

用来啄开花瓣的又长又尖的喙

小小的身体，短短的尾巴

蜂鸟的巢很小，直径只有2.5厘米，它的蛋只有豌豆大小。

蜂鸟：花蜜酒鬼

谁会胜出？

这两种动物体重相同，但美洲侏儒鼩鼱的食量更大——它每天吃3倍于自身体重的食物，而蜂鸟只能吃掉自身体重1.5倍的食物。如果找不到食物，这两个物种都会在几个小时内饿死。

水豚

水豚和猪一样大，是世界上最大的啮齿类动物。它虽然会在陆地上吃草，但却有大部分时间在河水里度过。一旦有危险，它就会跳进水里，游到安全的地方。

世界真奇妙！

水豚的牙齿一辈子都在生长。

超级数据

名称：水豚
寿命：约10年
身长：约1.3米
体重：35至65千克
食物：主要以青草和水生植物为食，但也会吃一些谷物和瓜类
栖息地：沼泽湿地和河岸的森林
主要分布：南美洲安第斯山脉东麓

南美洲栗鼠

南美洲栗鼠有时也被人称作龙猫。虽然它的外形小巧可爱，但这种啮齿动物也是很顽强的——它生活在天寒地冻的山巅之上。南美洲栗鼠柔软的皮毛、可爱的外表和友好的天性使它成为一种受欢迎的宠物。

超级数据

名称：南美洲栗鼠
寿命：8至10年
身长：28至49厘米
体重：1千克
食物：草本植物
栖息地：山间灌木丛中的洞穴
主要分布：位于阿根廷、智利、秘鲁和玻利维亚西北部的安第斯山脉

世界真奇妙！

南美洲栗鼠的毛很厚，每个毛囊大约有60根毛。

雪羊

雪羊，又名石山羊、落基山羊，它不但是一位攀岩专家，能够爬上最陡峭的斜坡，还可以在岩石的微小裂缝上来去自如，在岩石间不费吹灰之力地跳跃。

小小的弯羊角

厚厚的毛皮可以抵御寒冷的天气

如同橡胶般的脚底可以紧扣着凹凸不平的地面

世界真奇妙！

刚刚出生几分钟的小羊就能爬、跳和跑。

超级数据

名称：雪羊

寿命：9至12年

身高：约1米

体重：约120千克

食物：树叶、树枝、地衣、草

栖息地：山脉

主要分布：北美洲

亚洲貘

亚洲貘又被称作马来貘。它白天都躲在浓密的灌木丛里，但是一到晚上，就会出来寻找食物，用它那弯弯的鼻子摘取树叶和水果。

超级数据

名称：亚洲貘
寿命：30年
身长：1.8至2.5米
体重：约326千克
食物：水生植物、树叶、树枝、嫩枝、嫩芽、落在地上的果子
栖息地：森林和沼泽
主要分布：印度尼西亚苏门答腊岛、马来西亚、泰国南部、缅甸

黑色身体上有大块白色皮肤

像树干一样的长鼻子

后脚有三个脚趾，前脚有四个脚趾

世界真奇妙！

貘可以潜泳！它的鼻子可以像浮潜器一样在水面上弯曲。

两栖动物

两栖动物生活在世界上绝大多数地方。它们通常喜欢居住在有大量淡水的潮湿的栖息地，比如雨林和树林。两栖动物都是冷血动物，而且有着湿润的皮肤；它们大多通过产卵的方式在水中产下后代。两栖动物大多都是小不点儿，没有什么威胁性，这使得它们热衷于通过跳跃或游泳来躲避危险，而不是留下来与敌人争斗一番。然而，有一些两栖动物是超级危险的，例如生活在雨林中的树蛙就是地球上毒性最强的动物之一。

什么是两栖动物？

水对于两栖动物来说是至关重要的——两栖动物在生命的各个阶段，大部分都是待在水里或是水源附近的。但它们不是只有这一种特性，那究竟什么是两栖动物呢？

全球共有约8,250种不同的两栖动物。

内骨骼

两栖动物是脊椎动物——它们体内有一副坚硬的骨架。

湿润的皮肤

两栖动物的皮肤光滑、嫩薄且湿润。大多数两栖动物都生活在潮湿的地方，这样它们的皮肤就不会变得干燥。

产卵

大多数两栖动物在水中或陆地上湿润的地方产卵。它们的卵都由一层果冻状物质覆盖，这种物质可以为卵中的小宝宝提供营养。

生长周期

两栖动物从卵发育到成体要经历许多不同的阶段。蛙的卵先是孵化成蠕动的幼体，称为“蝌蚪”。蝌蚪先是长出后腿，再长出前腿，然后再慢慢长大。

冷血动物

所有的两栖动物都是冷血动物，这也意味着它们的体温与周围环境的温度是相同的。它们必须利用太阳的热量来取暖。

在水中生活

大多数两栖动物幼时生活在水中，用鳃呼吸。

墨西哥钝口螈

墨西哥钝口螈又被称作美西螈，这种两栖动物从来没有发育成真正意义上的成体，只是身形变大了。与其他两栖动物不同的是，墨西哥钝口螈呼吸一直都用鳃，而没有发育出肺部，并且一生都生活在水中。人们只在墨西哥的两个湖泊中发现了野生墨西哥钝口螈。

世界真奇妙！

如果受伤了，它受伤的身体部位可以再生，包括大脑！

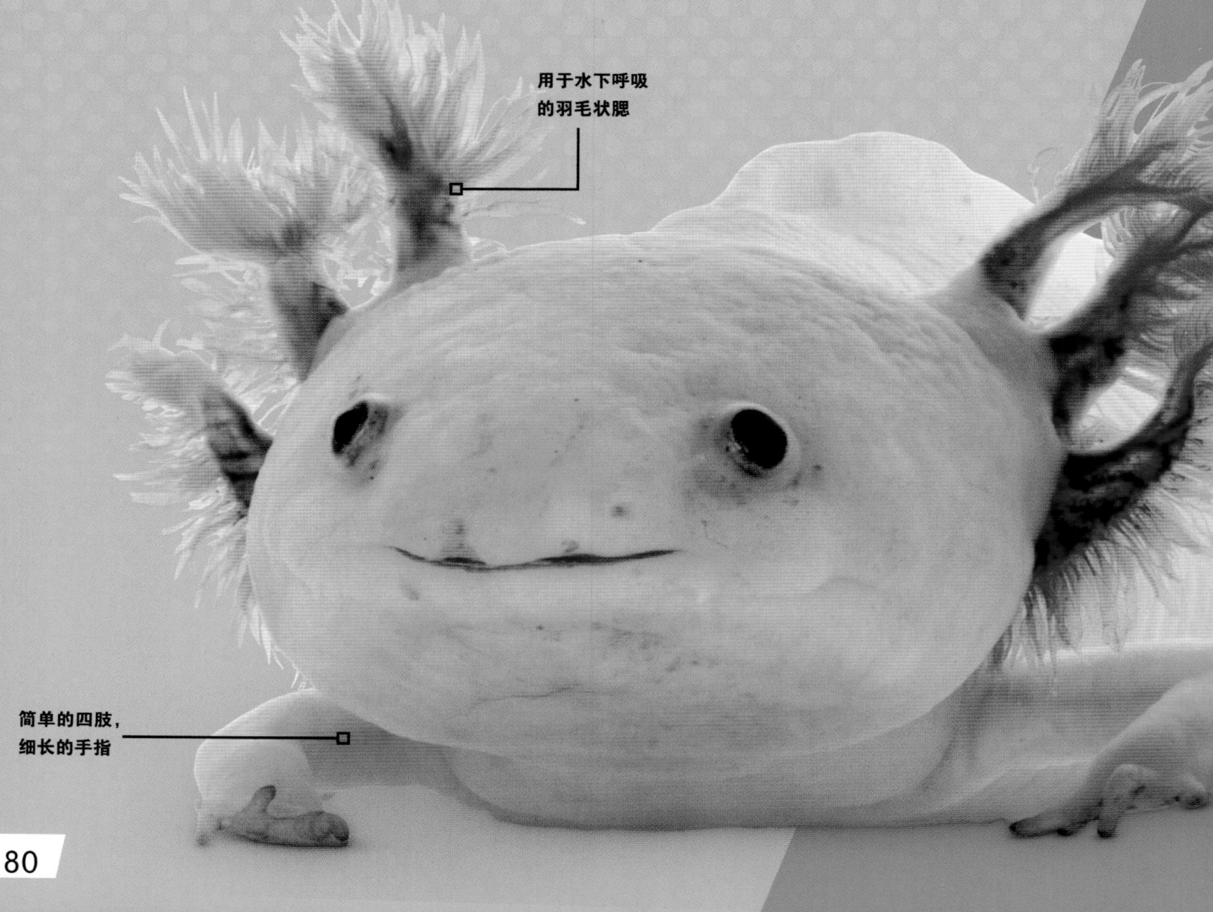

超级数据

名称：墨西哥钝口螈
寿命：15年
身长：15至45厘米
体重：60至225克
食物：软体动物、蠕虫、昆虫幼虫、甲壳动物、鱼类
栖息地：湖泊
主要分布：墨西哥

野生墨西哥钝口螈是灰色、绿色或黑色的；而人工养殖的外观通常呈淡粉色。

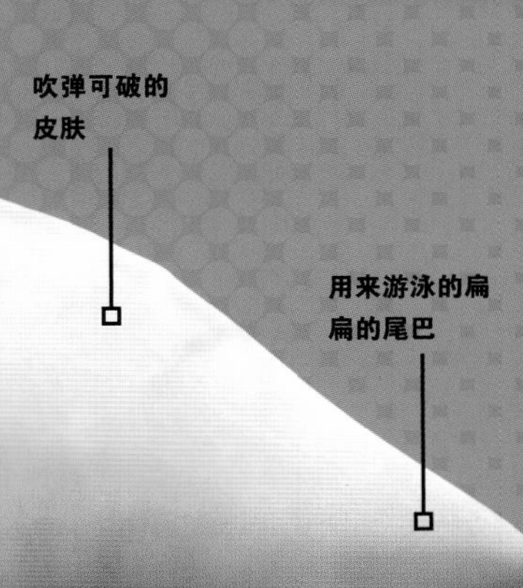

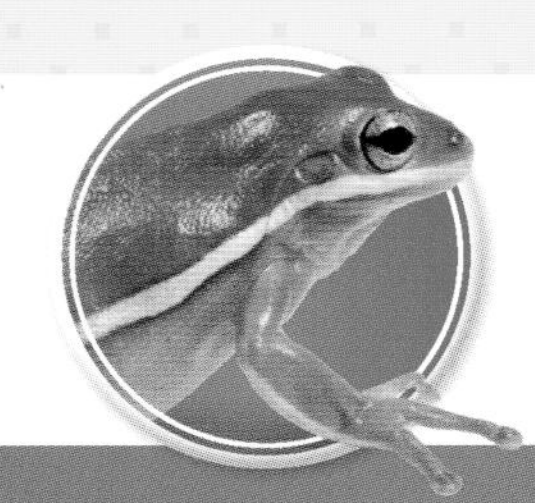

美洲绿树蛙

捕猎对于这种蛙类来说不是难事，它会用身体上鲜艳的颜色吸引昆虫，并对其进行捉捕。它生活在池塘或小溪边的植物丛中。

健硕的后腿

大冠蝾螈

这种长着“疣”的蝾螈大部分时间都待在陆地上，但在繁殖时会回到水里。雄性会跳上一段复杂的舞蹈来吸引雌性。

脊背上长有像山峰一样的“冠”，在繁殖期时会长得更高

腹部呈黄色或橙色，并长有黑色的斑点

超级数据

名称：美洲绿树蛙

寿命：5年

身长：6厘米

体重：2至17克

食物：苍蝇、蚊子、蟋蟀等昆虫

栖息地：池塘、湖泊、沼泽和溪流

主要分布：美国中部和东南部

世界真奇妙！

雄性美洲绿树蛙会在下雨或求偶时发出嘎嘎的叫声！

世界真奇妙！

雌性大冠蝾螈会把它的每颗卵都用叶子裹住。

超级数据

名称：大冠蝾螈　寿命：25年

身长：16厘米　体重：6.2至10.5克

食物：陆地上的蠕虫、蛞蝓和昆虫，水里的蝌蚪和软体动物

栖息地：池塘

主要分布：北欧

山峰状的尾巴上下侧都有银色条纹

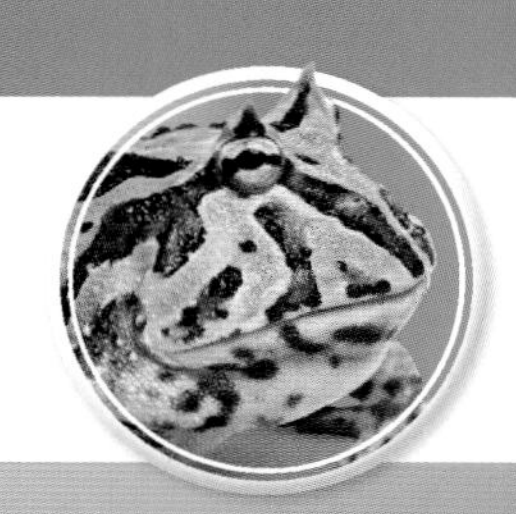

钟角蛙

钟角蛙又被称作招财蛙，这种角蛙会在危险逼近时膨胀身体，让自己的体形看起来很大，而且难以对付。然后它会大声尖叫来驱赶威胁者。

世界真奇妙！

钟角蛙主要吃其他角蛙，甚至是同类的小角蛙。

超级数据

名称：钟角蛙　寿命：6至7年

身长：16.5厘米　体重：320至480克

食物：像老鼠之类的啮齿动物、小型爬行动物、大型蜘蛛、像蝗虫之类的昆虫

栖息地：热带雨林

主要分布：阿根廷、巴西和乌拉圭

红瘰疣螈

红瘰疣螈，又名细瘰疣螈、红蛤蚧、水蛤蚧、娃娃蛇等。这种身形粗壮的蝾螈会在干旱期和冬季的大部分时间躲在地下，在晚上才会出来捕食。

超级数据

名称：红瘰疣螈

寿命：野生红瘰疣螈不详，人工饲养的红瘰疣螈寿命可达20年

身长：17厘米

体重：不详

食物：小型无脊椎动物

栖息地：亚热带森林里的水塘中和水流缓慢的溪流中

主要分布：中国

世界真奇妙！

这种疣螈背部的肿块不仅仅是为了炫耀——它们还标志着分泌毒液的腺体的位置。

金色箭毒蛙

这只小青蛙只有拇指大小，但它是极度危险的。事实上，它的毒性大到人只要接触到它的皮肤就会死亡。它的毒性约是其他南美洲青蛙毒性的20倍。

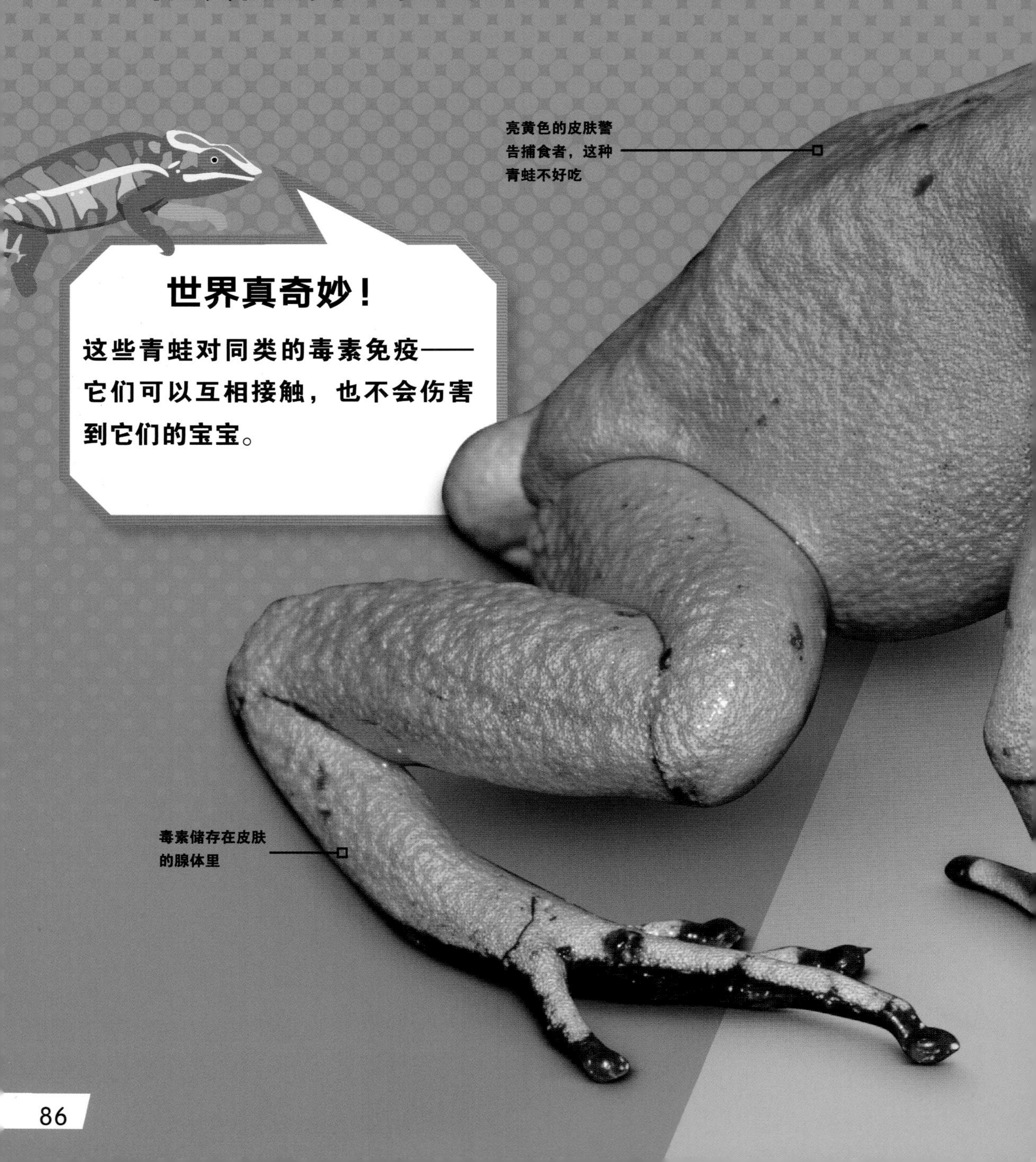

世界真奇妙！

这些青蛙对同类的毒素免疫——它们可以互相接触，也不会伤害到它们的宝宝。

超级数据

名称：金色箭毒蛙

寿命：约10年

身长：2.5厘米

体重：不足28克

食物：无脊椎动物，如甲虫、蚂蚁等小虫

栖息地：热带雨林

主要分布：哥伦比亚西部的山脉

这种青蛙的皮肤可以是亮黄色、橙色或浅绿色。

黑掌树蛙

黑掌树蛙又被称作华莱士飞蛙。这种青蛙展开它的脚和身体两侧的皮瓣，使得自己能在树间穿行。它一次跳跃的距离可以超过15米。

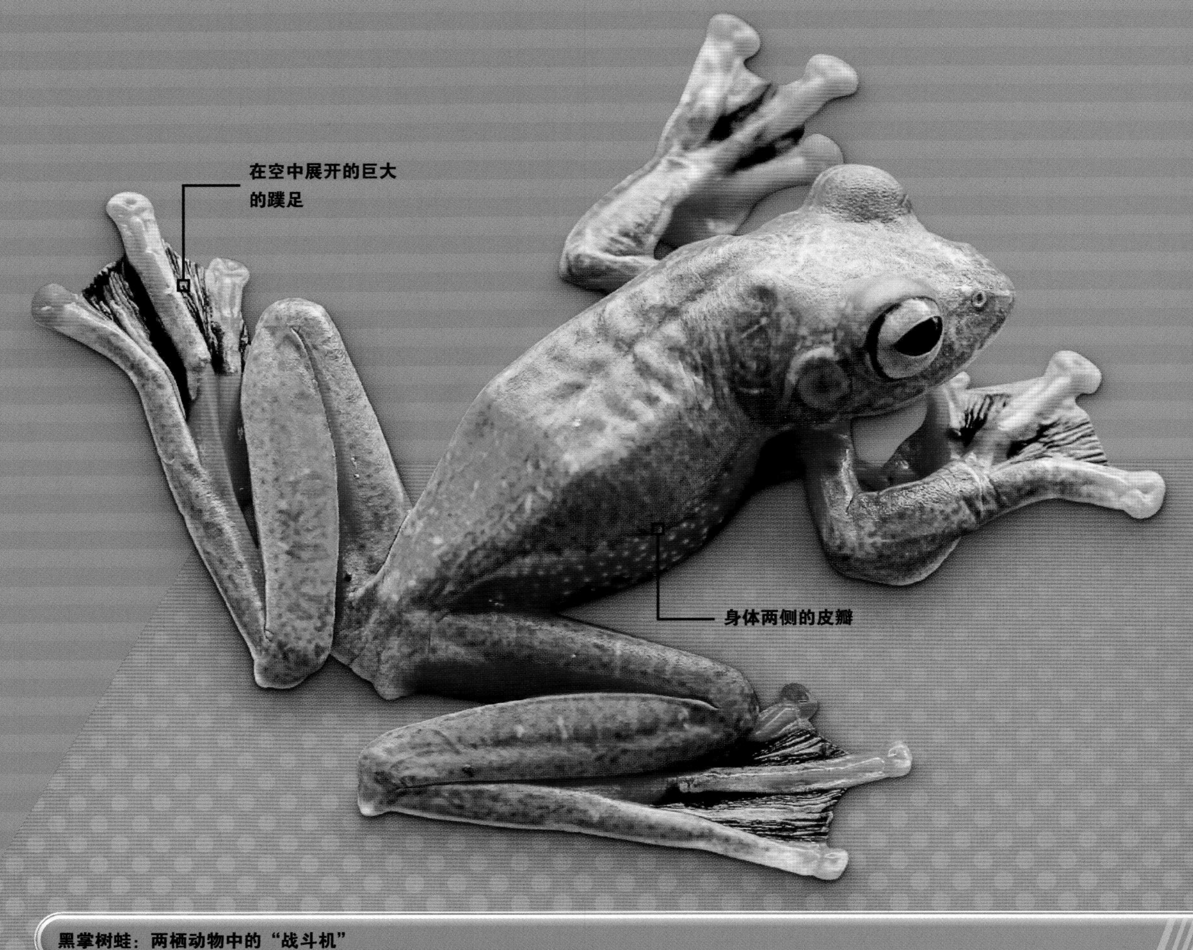

黑掌树蛙：两栖动物中的“战斗机”

巅峰对决！

它们看起来像是在飞，但其实这两只动物是在滑翔——它们在空中平稳地滑翔，姿态几乎不变。那么，究竟谁滑翔得更远呢？

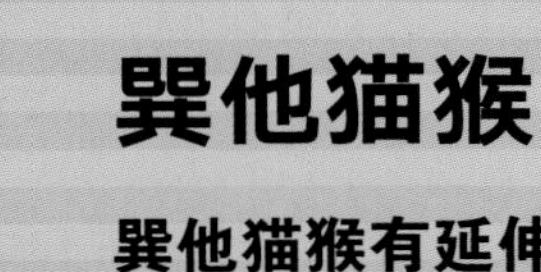

巽他猫猴

巽他猫猴有延伸到腿和尾巴末端的一片完整的皮肤。当它跃入空中时，这层皮肤就像降落伞一样，能在不下降太多高度的情况下滑翔长达100米的距离。

巽他猫猴：哺乳动物界的跳伞员

谁会胜出？

黑掌树蛙确实能很好地滑翔，但是它比巽他猫猴小，在空气中伸展的皮肤表面积也就更小。更重要的是，巽他猫猴的滑翔距离是黑掌树蛙的6倍。

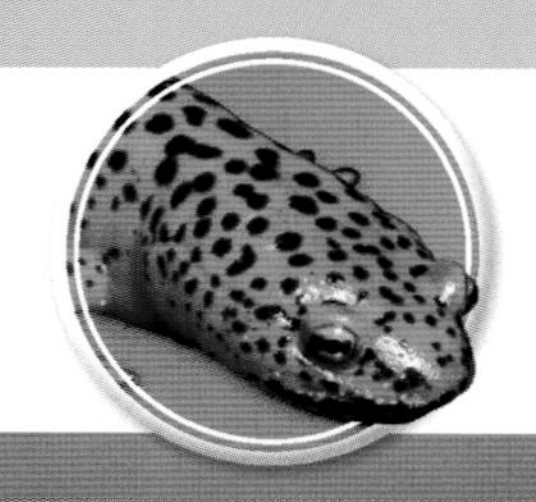

红蝾螈

这种蝾螈会在受到攻击时使用一种干扰敌人的战术——缩成一个球，然后在空中挥舞尾巴。这样做的目的是使敌人的注意力从它的头部转移开。

世界真奇妙！

这种蝾螈夏天生活在陆地上，冬天生活在水中。

超级数据

名称：红蝾螈

寿命：13年

身长：11至15厘米

体重：不详

食物：更小的蝾螈和无脊椎动物

栖息地：溪流、树林里的岩石、树皮和落叶下

主要分布：北美洲东部

绿雨滨蛙

绿雨滨蛙，又名白氏树蛙、巨人树蛙、老爷树蛙。这种青蛙整天都在躲避炎热的阳光。它喜欢躲藏在水桶或浴室等人造物中。

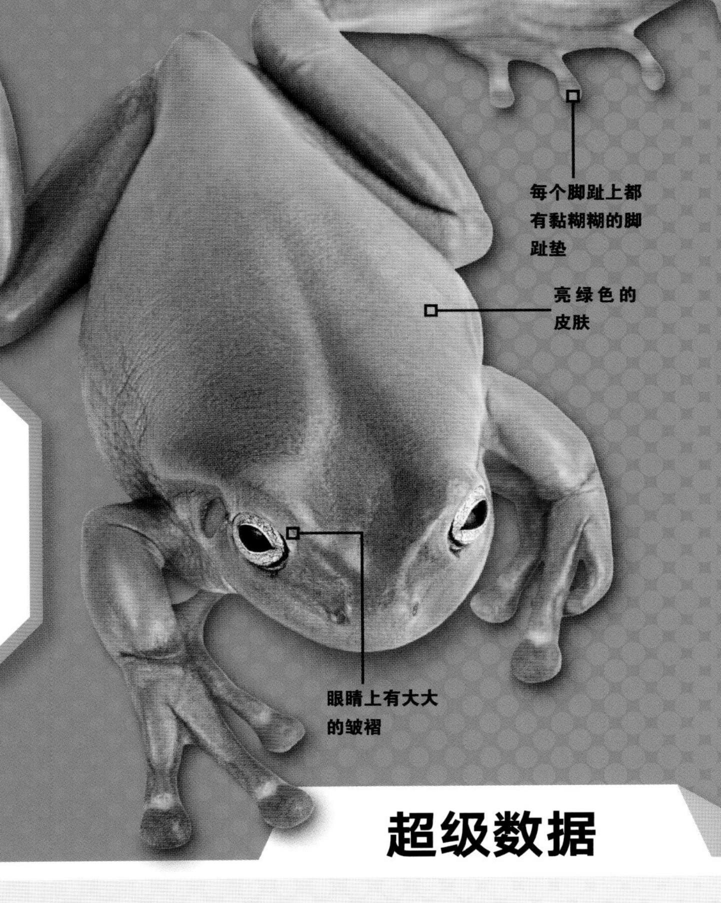

世界真奇妙！

为了不让自己干燥，这种青蛙会藏在树洞一类潮湿的地方。

超级数据

名称：绿雨滨蛙

寿命：约16年

身长：7至11.5厘米

体重：约51克

食物：昆虫，如飞蛾和蝗虫

栖息地：森林

主要分布：澳大利亚、新几内亚岛南部、新西兰

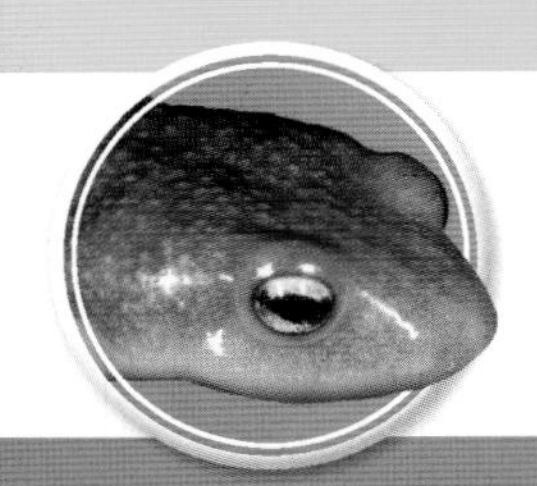

加州红腹蝾螈

这种小蝾螈是有毒的——它的皮肤和肉都含有剧毒，因为它的皮肤会产生一种化学物质。请捕食者们小心！

世界真奇妙！

美国的加利福尼亚州是20多种蝾螈类生物的家园。

超级数据

名称： 加州红腹蝾螈
寿命： 不详
身长： 12至20厘米
体重： 不详
食物： 像蠕虫和昆虫这样的小型无脊椎动物
栖息地： 湖泊、林间小河
主要分布： 美国加利福尼亚州

安通吉尔暴蛙

这种青蛙身体上鲜艳的颜色警示捕食者它可不是什么美餐。它的皮肤分泌的毒素能够让人皮肤肿胀、起疹子。

世界真奇妙！

雌性的安通吉尔暴蛙比雄性的要大得多，颜色也更为鲜艳。

超级数据

名称：安通吉尔暴蛙
寿命：7年以上
身长：6至10.5厘米
体重：42至226克
食物：昆虫、昆虫幼虫、蠕虫
栖息地：雨林、树林、城市的沟渠
主要分布：马达加斯加北部

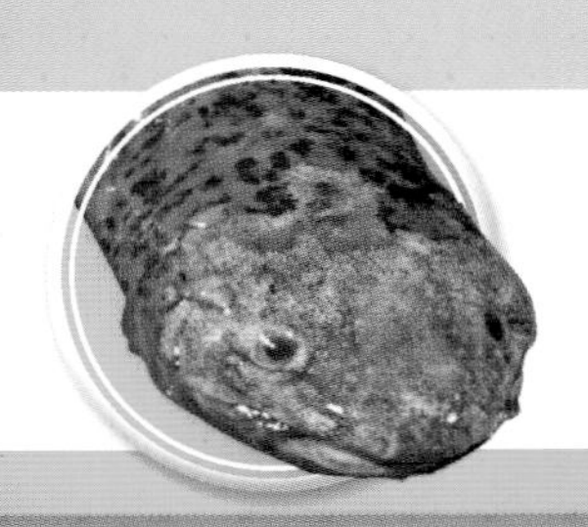

中国大鲵

中国大鲵又被称作娃娃鱼、人鱼、孩儿鱼等。这种巨大的生物是世界上最大的两栖动物，它最长可达1.8米，比4只成年猫连成一排还要长。中国大鲵一生都生活在水中，沿着河床寻找鱼类和贝类作为食物。

这种蝾螈科动物的肤色和水底岩石的色调融为一体，所以捕食者和猎物很难发现它们。

超级数据

名称：中国大鲵
寿命：约60年
身长：通常为115厘米
体重：约50千克
食物：鱼、青蛙、蠕虫、蜗牛、昆虫、小龙虾、螃蟹和较小的蝾螈科动物
栖息地：多岩洞的山间河流、大溪流
主要分布：中国

世界真奇妙！

中国大鲵在过去的3,000万年间几乎没有什么变化，所以有时人们称它为“活化石”。

条纹火箭蛙

所有青蛙的脚趾上都有着有弹性的软骨组织，不过条纹火箭蛙脚上的软骨组织长得离谱，这使得它成为所有蛙类中跳得最远的一种，可以达到身体长度的36倍。

条纹火箭蛙：自带弹力脚趾的跳跃能手

巅峰对决！

两位参赛者都来自澳大利亚。强壮的腿部肌肉使它们在空中跳出风采，但是它们中谁跳得更远呢？

红袋鼠

这种巨大的哺乳动物的后腿动起来就像弹簧一样，一次可以跳9米的距离。它还能以每小时50千米的最高速度不断跳跃，比人类最快的短跑运动员还快。

红袋鼠：弹跳健将

谁会胜出？

如果不比较身材大小的话，红袋鼠每次9米的跳跃距离比青蛙的每次2米更胜一筹！但是，条纹火箭蛙可以跳自身长度的36倍，而红袋鼠只能跳自身长度的3倍。所以，谁是赢家，要视情况而定！

跳蛙

一些青蛙有着强壮且有弹性的腿，这使得它们能跳出令我们惊讶的距离，它们中许多都能跳自身长度的10倍或20倍。但也不是所有的青蛙都会跳跃，有些只能爬行或者行走，还有一些能够滑翔于树木之间。

欧洲火蝾螈

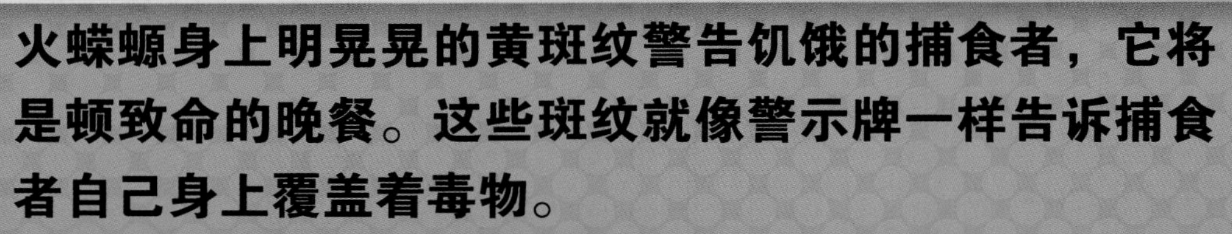

火蝾螈身上明晃晃的黄斑纹警告饥饿的捕食者，它将是顿致命的晚餐。这些斑纹就像警示牌一样告诉捕食者自己身上覆盖着毒物。

世界真奇妙！

这种蝾螈不仅会分泌毒液，还能从尾巴上的毛孔向攻击它的动物喷射毒液。

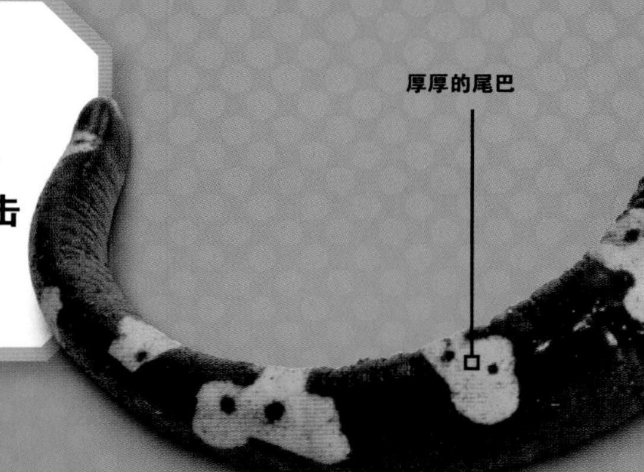

黄带箭毒蛙

小而危险的黄带箭毒蛙是地球上最毒的动物之一。它们通过吃蚂蚁和其他含有有毒化学物质的动物使自己也具有毒性。

超级数据

名称：火蝾螈

寿命：14年以上

身长：15至20厘米

体重：18至30克

食物：蠕虫、蛞蝓、昆虫和其他无脊椎动物

栖息地：森林、草地和其他阴凉的地方

主要分布：欧洲

世界真奇妙！

箭毒蛙的种类超过120种，它们有着各种各样的颜色和斑纹。

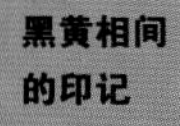

黑黄相间
的印记

脚趾的末端带有圆
形的脚垫

超级数据

名称：黄带箭毒蛙　寿命：5至7年

身长：3至4厘米　体重：约3克

食物：蚂蚁、白蚁、甲虫、蟋蟀和蜘蛛这样的小昆虫

栖息地：低地雨林

主要分布：南美洲

红眼树蛙

红眼树蛙生活在热带雨林潮湿的树叶之中。雌性将卵产在悬在水面上的叶子上。当卵孵化时，蝌蚪就会掉到下面的水里。

橙色的脚丫

红红的眼睛，瞳孔呈竖直的细缝状

世界真奇妙！

红眼树蛙的卵通常在10天左右孵化，但如果有被吃掉的危险的话，它们可以提前孵化！

蓝色和黄色的斑点在身体两侧

超级数据

名称：红眼树蛙

寿命：约5年

身长：3.8至6.9厘米

体重：5.6至14.1克

食物：蟋蟀、苍蝇和飞蛾

栖息地：热带雨林

主要分布：墨西哥、中美洲、南美洲北部

木蛙

木蛙又被称作阿拉斯加林蛙。对木蛙来说冰冷的温度并不算什么，它的身体会在温度下降时完全冻结，呼吸和心跳都会停止，天气回暖时再“解冻”，并安然无恙地自由行动。

世界真奇妙！

在同一个冬季，树蛙可以多次冻结再解冻。

超级数据

名称：木蛙

寿命：4年

身长：3.5至8厘米

体重：7.8克

食物：昆虫、蛛形纲动物、蠕虫、蛞蝓和蜗牛

栖息地：森林

主要分布：加拿大和美国东部

游刃有余的防御者

许多动物已经进化出了躲避被捕食的功能。一些动物利用惊人的伪装能力来让自己隐藏起来，而另一些动物则通过改变外貌来使自己看起来更加可怕或不那么美味，还有一些会利用噪音来抵御捕食者，或者利用噪音让自己听起来就很难吃。

鸟粪蛛

这只蜘蛛有个让人作呕的终极伪装——它让自己看起来像鸟屎，其他动物就不会想吃它了。

负鼠

负鼠是个影帝，当受到威胁时它会装死！

豪猪

这种动物使自己成为一块“难啃的骨头”。任何想要咬它的捕食者都必须先穿过它锋利的尖刺。

箭毒蛙

如果这种青蛙奇艳的颜色不能吓退捕食者，那它就会用有毒的皮肤保护自己。它是世界上最毒的动物之一。

穿山甲

这种机灵的哺乳动物有两种防御方式，它的身体覆盖着如盔甲一般坚硬的鳞片，但如果情况真的很糟糕的话，它也会缩成一个球，这样就更难被抓住了。

河鲀

这种鱼有好几种方法来击退潜在的捕食者。它可以把带刺的身体膨胀起来，使自己看起来大了好几倍。它还含有一种有毒物质，这种物质会使它尝起来很难吃。

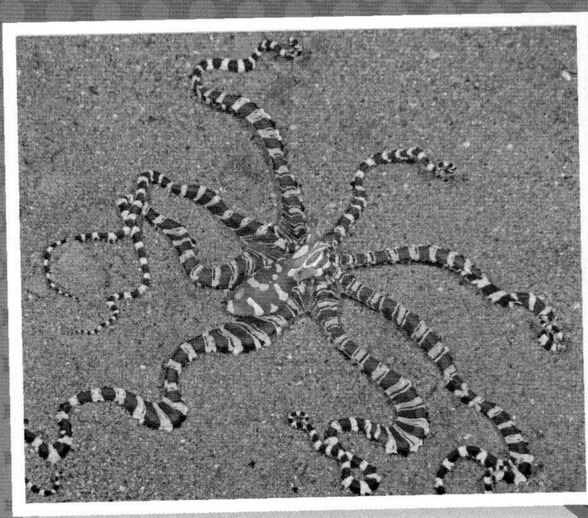

拟态章鱼

拟态章鱼通过假装成另一种不那么美味的生物来迷惑捕食者。拟态章鱼可以改变自己的外表，模仿15种其他海洋生物的模样，其中包括狮子鱼、水母、海蛇、鳎、虾和螃蟹。

蜣螂

蜣螂又被称为屎壳郎，但千万不要被它们对粪便的热爱吓跑了，它们可是大自然的清洁工和回收者之一。它们会把粪便滚走做成一个漂亮的家或一顿美食，而且需要相当发达的肌肉才能移动又大又重的粪球。

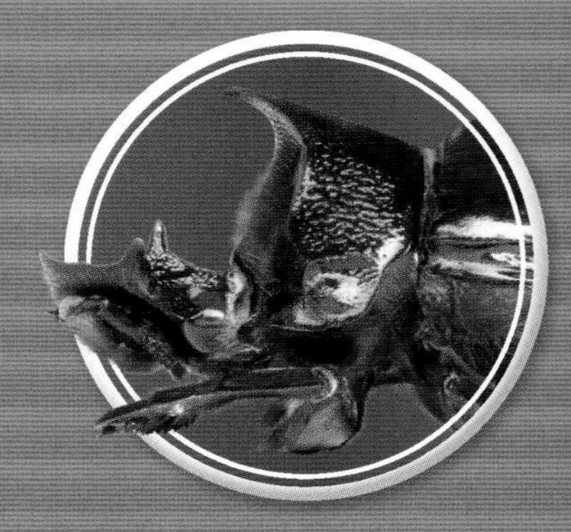

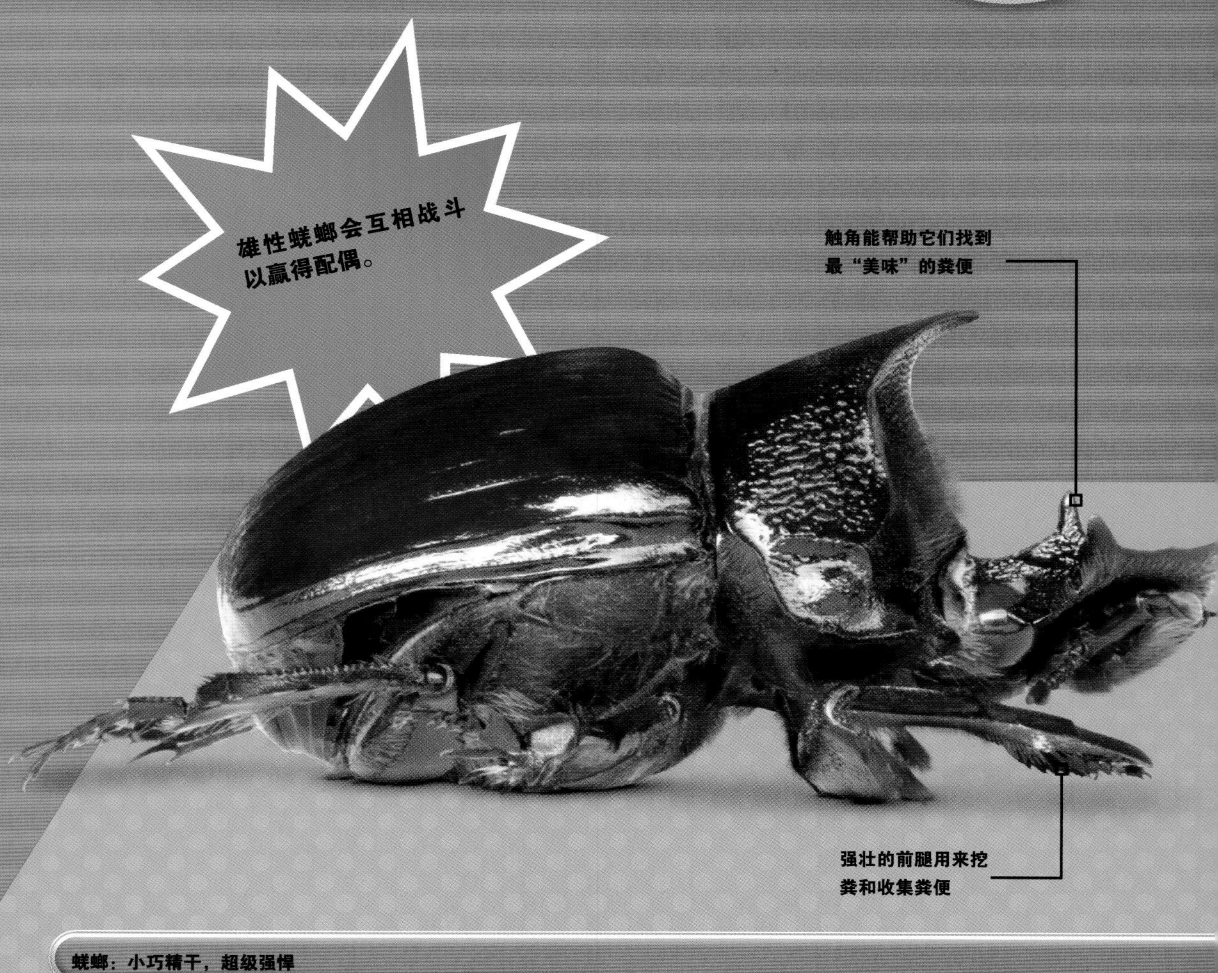

蜣螂：小巧精干，超级强悍

巅峰对决！

一些大型动物的力量惊人，它们能举起、拖拽、搬运超级重的东西。一些动物或许很小，但与它们的体形相比，却拥有着难以置信的力量。那么，大象和蜣螂谁更强壮呢？

非洲象

这种最大的陆地动物也是最强壮的动物之一，这并不奇怪。非洲象的体重可达6,350千克，负重可达9,000千克，相当于130个成年人的重量。

谁会胜出？

尽管非洲象可以举起很重的东西，但蜣螂相对而言会更强壮。蜣螂可以拉动重量是自身体重1,141倍左右的物体，但非洲象只能举起重量是自身体重1.5倍的物体。事实上，就体形而言，蜣螂是已知动物中最强壮的。

斑泥螈

斑泥螈又被称作泥小狗。又扁又平的身体让斑泥螈能够在河床的岩石下挖洞。它白天躲在洞中，用泥浆把自己隐藏起来，到了晚上才出来捕猎。

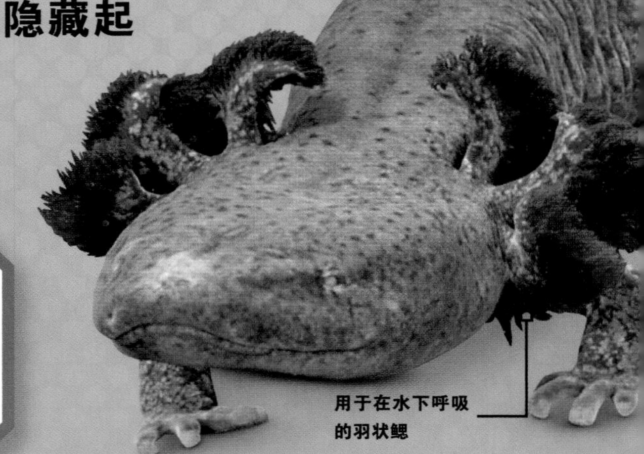

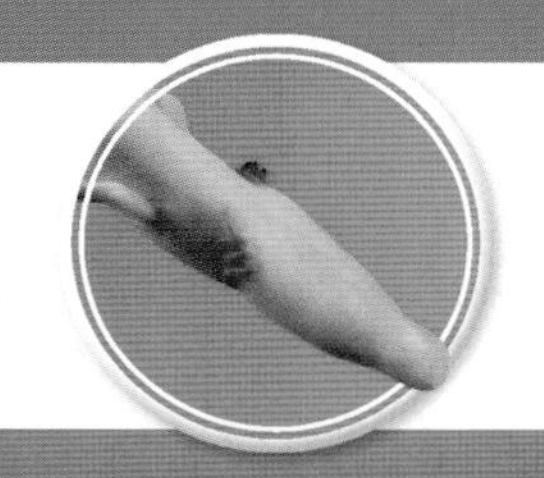

世界真奇妙！

斑泥螈最多可以产下200只卵，之后会花40天左右的时间去保护它们。

洞螈

这种蝾螈生活在地下深层、漆黑的水洞中。它完全没有视力，所以漆黑的环境对它毫无影响。

世界真奇妙！

洞螈有很好的嗅觉，这意味着它可以在黑暗中捕猎。

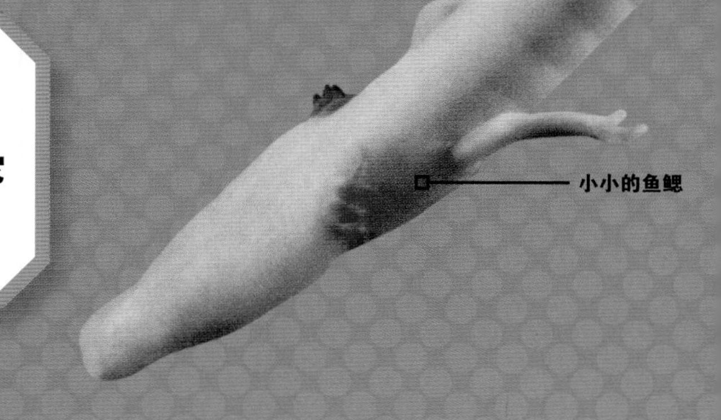

又扁又平的
身体和头

褐色的皮肤在河床上起到
了伪装的作用

超级数据

名称：斑泥螈　寿命：20年或更久

身长：20至45厘米　体重：2克

食物：小龙虾、昆虫幼虫、小鱼、鱼卵、水生蠕虫、蜗牛等

栖息地：小溪和河流

主要分布：北美洲东海岸沿岸地区

又细又长的身体

皮肤没有
颜色

超级数据

名称：洞螈　寿命：100年以上

身长：22厘米　尾长：8厘米

体重：150克

食物：小型水生甲壳动物

栖息地：地下溪流和湖泊的石灰石洞中

主要分布：斯洛文尼亚和克罗地亚

异舌穴蟾

这种蟾蜍会在松软的土壤中挖洞，大部分时间都躲在地下。成年异舌穴蟾只有在大雨过后才会离开洞穴。它在繁殖过后会躲回地下。

负子蟾

负子蟾又被称作琵琶蟾蜍。这种蟾蜍用一种非同寻常的方式来抚育幼崽。受精卵被放置在雌性的背上，然后在它的背部生长发育。几个月后，发育完全的小蟾蜍就会破盖而出。

世界真奇妙！

手指末端的星形器官帮助它感知藏在泥里的猎物。

超级数据

名称：异舌穴蟾

寿命：不详

身长：5至7厘米

体重：不详

食物：蚂蚁和白蚁

栖息地：沙质土地和平原

主要分布：从美国南部一直到哥斯达黎加

后面长有红色条纹

圆润的身体

小小的头

世界真奇妙！

异舌穴蟾可以改变舌头的形状，以此来捕捉不同种类的昆虫。

超级数据

名称：负子蟾

寿命：8年

身长：10至15厘米

体重：100至160克

食物：甲壳纲动物、小鱼、蠕虫和其他无脊椎动物

栖息地：沼泽和水流缓慢的河流

主要分布：南美洲北部

壮发蛙

壮发蛙又被称作毛蛙、壮节蛙、骨折蛙，这种蛙在遇到危险时会使用一种令人惊讶的技能——折断自己的骨头。折断的骨头穿透皮肤，变成了它用来击退攻击者的利爪。

世界真奇妙！

雄性壮发蛙身上的毛状物有助于皮肤呼吸。

超级数据

名称：壮发蛙
寿命：5年
身长：10至13厘米
体重：80克
食物：蛞蝓、多足动物、蜘蛛、甲虫和蚱蜢
栖息地：亚热带或热带潮湿的低地森林、河流、耕地、种植园
主要分布：中非

西高止山鼻蛙

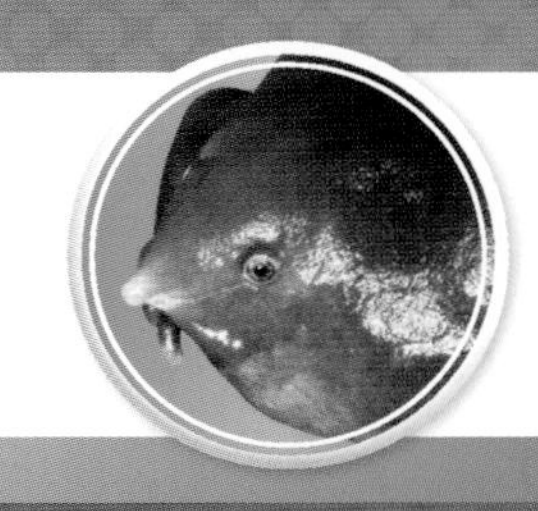

西高止山鼻蛙又被称作紫蛙，这种蛙生活在地下，每年只在雨季出来一次进行繁殖。雄性会发出一种奇怪的、像鸡一样的叫声以吸引雌性。过几个小时或几天后，它会重新钻回土壤中去。

超级数据

名称：西高止山鼻蛙
寿命：不详
身长：约7厘米
体重：约165克
食物：白蚁
栖息地：在池塘、沟渠或溪流附近的地下
主要分布：印度西高止山脉西部

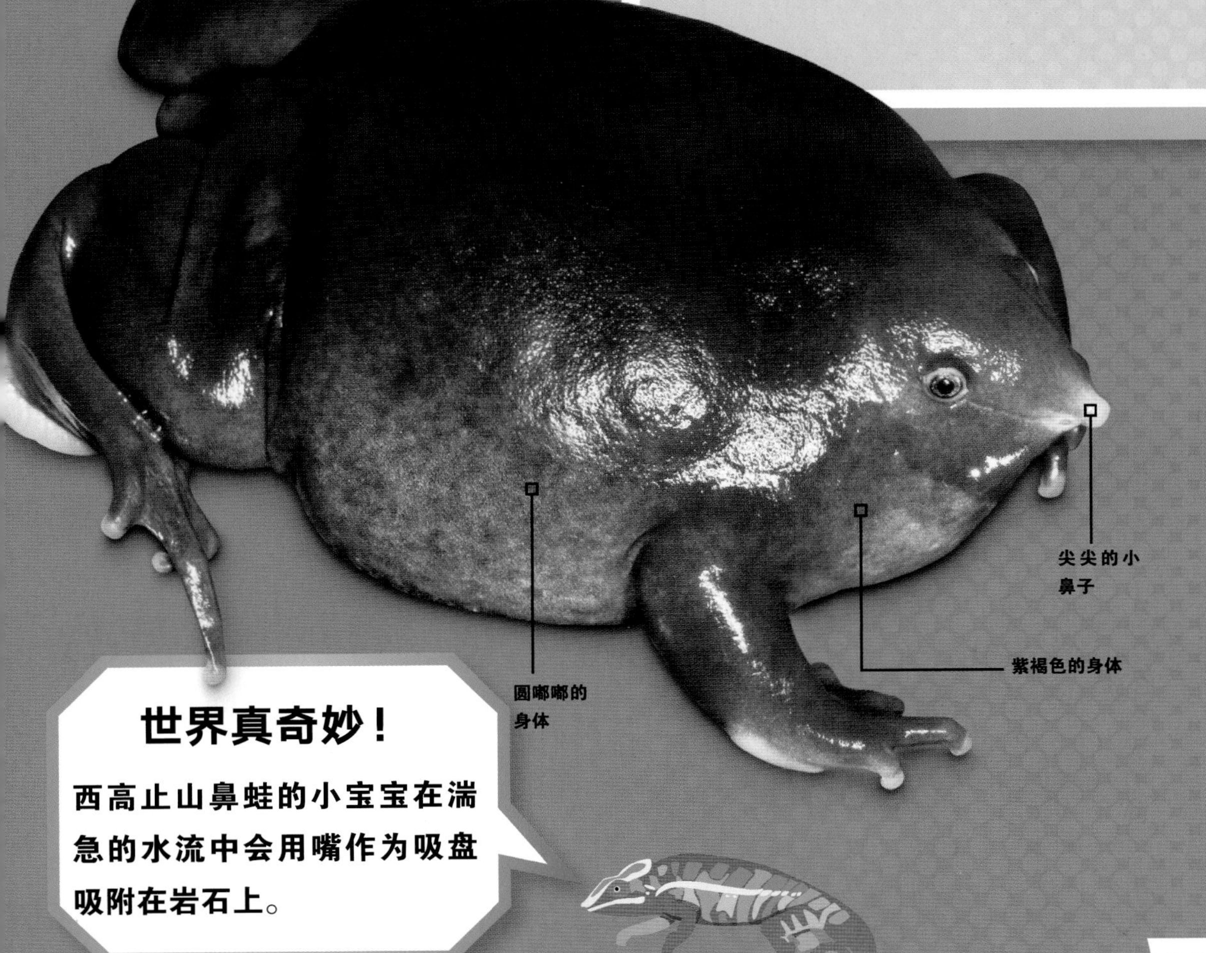

世界真奇妙！

西高止山鼻蛙的小宝宝在湍急的水流中会用嘴作为吸盘吸附在岩石上。

黑掌树蛙

黑掌树蛙又被称作华莱士飞蛙，这种蛙仿佛能在树木间飞翔——张开自己的腿和脚趾，再一步跃入空中，从一棵树飞到另一棵树。它们还能够在飞行时通过倾斜双脚以控制飞行路线，以便飞行至自己想去的地方。

世界真奇妙！

黑掌树蛙除了不在树上繁殖，其一生大部分时间都在树上度过。

脚趾上的黏垫让黑掌树蛙可以吸附在树叶上。

超级数据

名称：黑掌树蛙
寿命：不详
身长：8至10厘米
体重：不详
食物：昆虫和其他小型无脊椎动物
栖息地：热带雨林
主要分布：印度尼西亚、马来西亚、泰国

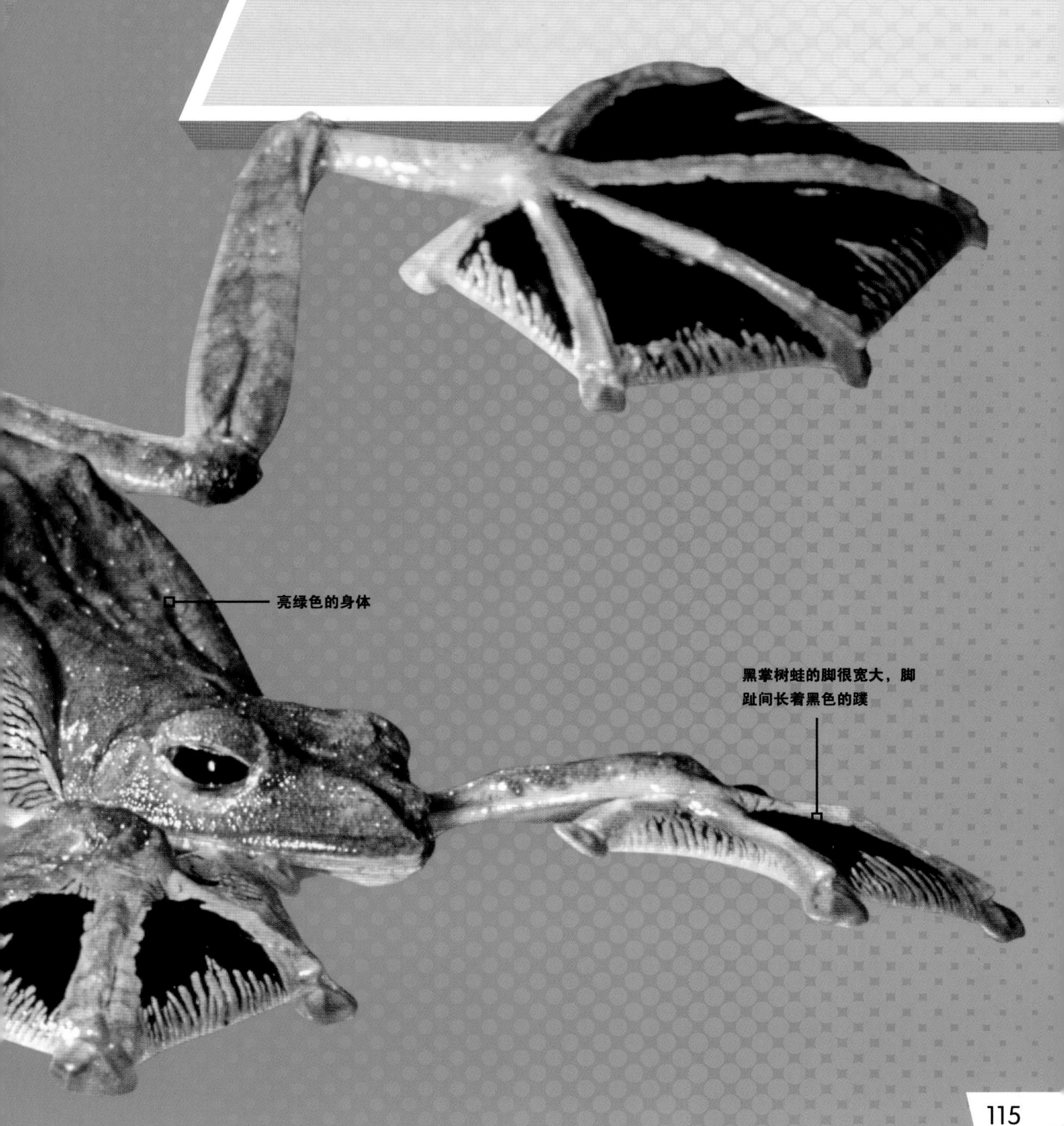

鱼类

海洋、河流、湖泊覆盖了地表三分之二的面积，并且它们也是地球上数千种不同鱼类的家园。鱼类这一不可思议的物种已经在地球上生活了5亿年之久，它们中许多已经进化出了流线型的身体、鳍和尾巴，进而适应了在水中的生活。它们身上还长着一种特殊的裂缝——鱼鳃，鱼鳃可以帮助它们获取氧气，使它们能够在水下呼吸。从公交车大小的鲨鱼，到不用显微镜都看不到的小鱼，它们都有各种各样的形状、大小、花纹和颜色。

什么是鱼？

世界上至少有33,000种不同形态的鱼。巨大的宽口鲨鱼是鱼，有卷曲尾巴的小海马也是鱼。尽管存在些许差异，但所有的鱼都生活在水中，它们也都用鳃进行呼吸。

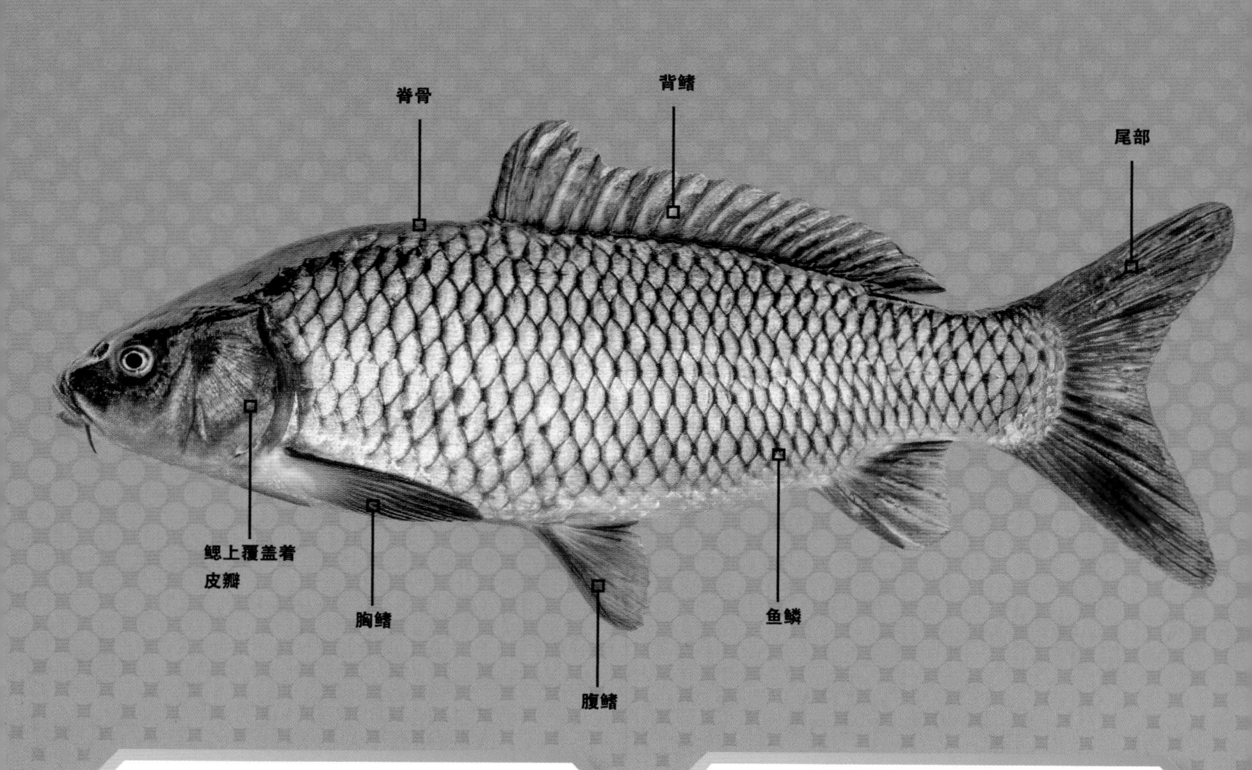

鱼类生活在寒带水域还是热带水域中呢？

不同种类的鱼往往生活在不同温度的水域中。生活在寒冷海域的鱼类通常颜色暗淡，生活在温暖水域的鱼类通常颜色鲜艳。

鱼类生活在淡水还是咸水中呢？

大多数鱼类生活在海洋的咸水里。然而，有些鱼类则是栖息在淡水湖和河流中。鲑鱼既可以生活在淡水中也可以生活在咸水中。

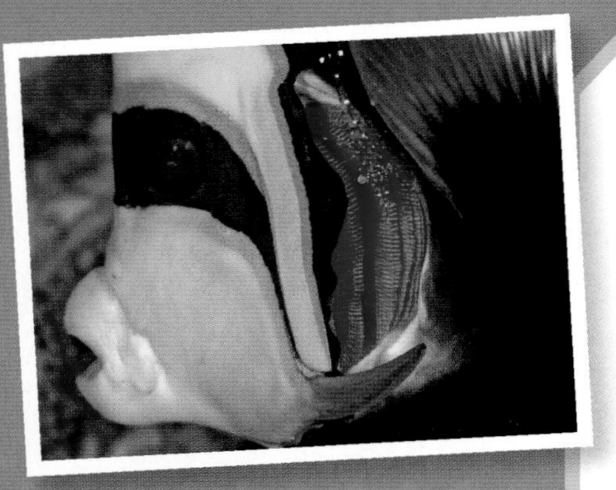

鱼类是怎样呼吸的呢？

鱼类用嘴巴吞水，水流经它们的鳃，鳃会从水中吸收氧气供鱼呼吸。剩余的水分会从鳃上覆盖着的皮瓣中流出来。

鱼类的骨骼都是坚硬的吗？

95%的鱼类都有着坚硬的骨骼！但鲨鱼和少数几种鱼类的骨骼更柔软，它们由一种叫作软骨的柔软组织构成。

鱼类是怎样游泳的呢？

鱼类是游泳高手。一方面是因为它们长着鳍，背鳍能够让鱼类在水中保持稳定和直立，胸鳍则能帮助鱼类转动身体，而腹鳍可以用来改变方向；另一方面是由于它们长满肌肉的尾巴能够帮助它们向前游动。

鱼鳞是做什么的？

许多鱼身上覆盖着数百片防水的鳞片，这层轻薄、闪亮的保护层能帮助它们在水中更轻松地游动。

珊瑚礁生态群

大堡礁是地球上最大的珊瑚礁，位于澳大利亚的海岸边，占地344,400平方千米。珊瑚礁看起来像岩石，但五颜六色的珊瑚实际上是大量微小海洋生物的骨骼，是随着时间的推移而形成的。超过1,500种鱼类生活在这里，它们享受着温暖的海水、安全的住所，以及丰富的食物，例如海生植物。

白斑角鲨

白斑角鲨，又名棘角鲨、萨氏角鲨。这种小鲨鱼畅游于太平洋和大西洋海域之中。白斑角鲨时时刻刻都在警惕着潜在的危险，一旦捕食鲨或鲸鱼蠢蠢欲动，白斑角鲨就会弓起背部，用两根锋利的刺向敌人注入毒液。

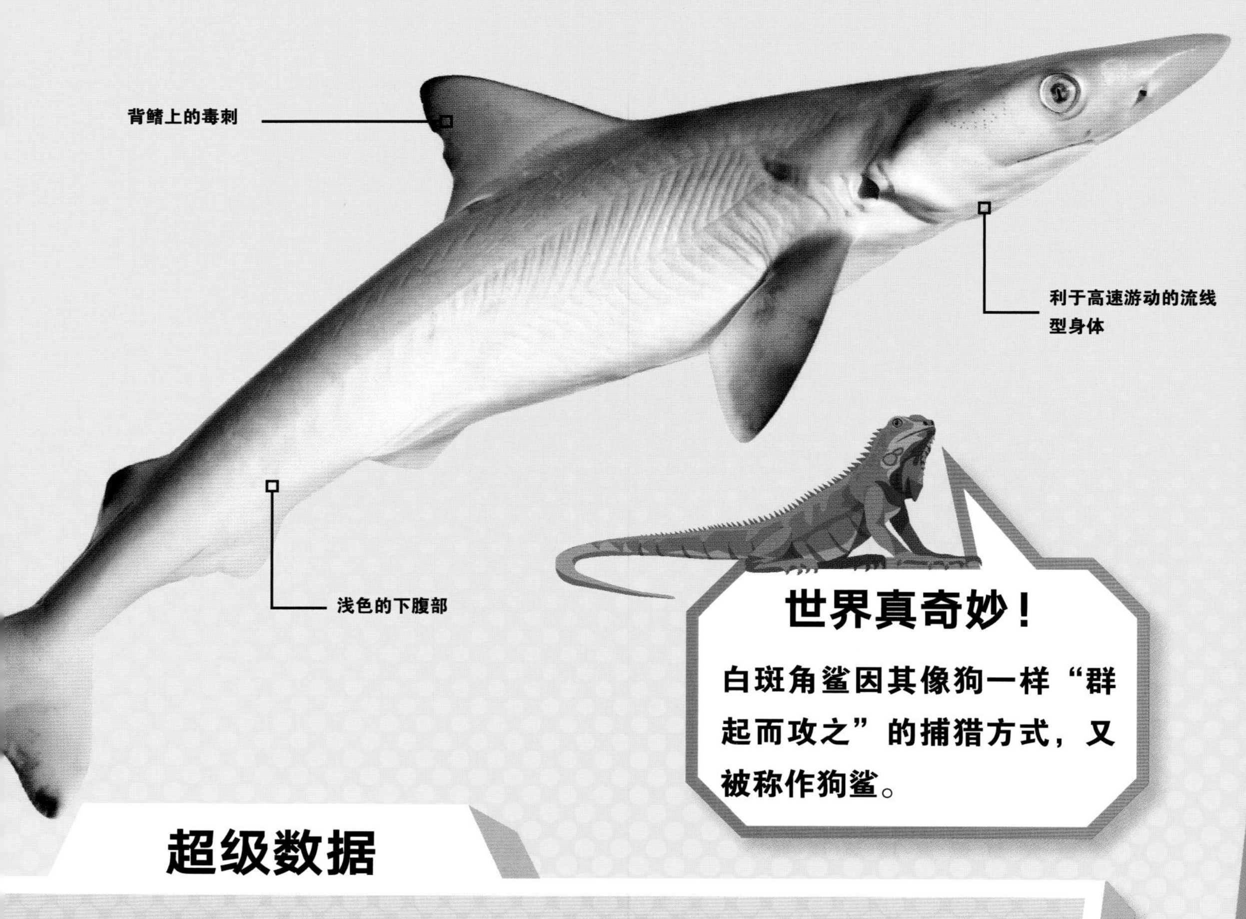

世界真奇妙！

白斑角鲨因其像狗一样“群起而攻之”的捕猎方式，又被称作狗鲨。

超级数据

名称：白斑角鲨
寿命：35至40年
身长：1.2米
体重：约3.6千克
食物：小型鱼类、无脊椎动物，如螃蟹
栖息地：通常在温带海洋或亚北极海洋地区
主要分布：北大西洋和北太平洋

鮟鱇鱼

鮟鱇鱼，又名蛤蟆鱼、琵琶鱼等。雌性鮟鱇鱼照亮了海洋最黑暗的深水域，它头上悬挂着的“手电筒”能发出光亮来吸引猎物，猎物会将鮟鱇鱼头上的“手电筒”当作鱼线，并游向这黑暗中唯一的光亮，然后被鮟鱇鱼一口吃掉。

世界真奇妙！

鮟鱇鱼的嘴可以张得很大，能吞食比它大一倍的猎物。

超级数据

名称：鮟鱇鱼

寿命：25年

身长：20至101厘米

体重：49千克

食物：鱼类和无脊椎动物

栖息地：约1,000米深的海洋中

主要分布：大西洋和南极海域

纳氏鹞鲼

纳氏鹞鲼，又名雪花鸭嘴燕虹、鲂仔、花燕子。这种鳐鱼的名字源于其身上斑点状的图案以及巨大的翼状鳍，并且它那巨大的翼状鳍还使它成了一名游泳健将。如果捕食者靠得太近，鳐鱼就会用它强大的、带刺的尾巴反击！

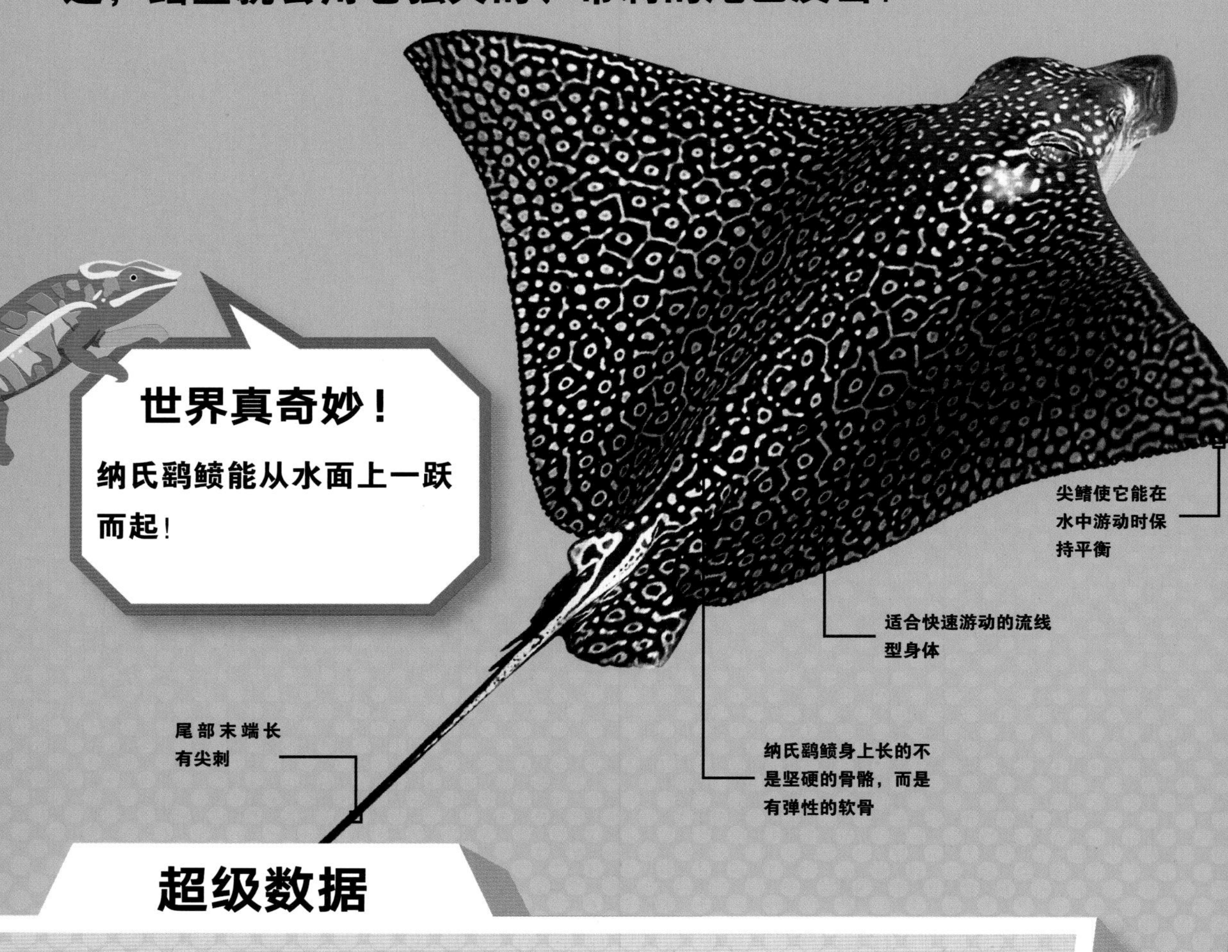

超级数据

名称：纳氏鹞鲼

寿命：20年

身长：5米

体重：约230千克

食物：螃蟹、章鱼、小鱼和蠕虫等

栖息地：热带沿海水域

主要分布：印度洋以及大西洋东部和西部

羽须鳍飞鱼

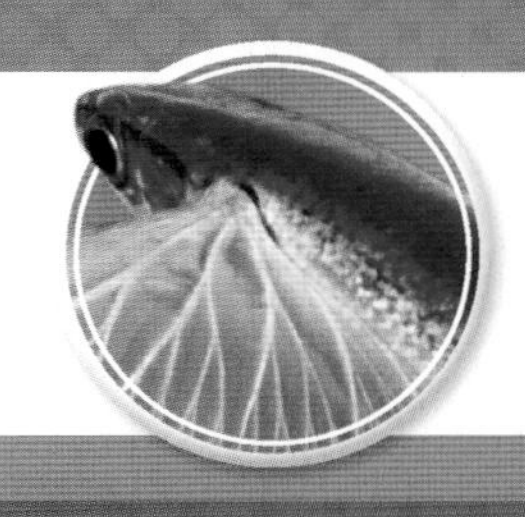

羽须鳍飞鱼能跃出热带海洋的海面并翱翔于空中，它在空中的速度能达到16千米/小时，可以飞快地远离海里的捕食者。在水中时，它会捕食小的浮游生物。

超级数据

名称：羽须鳍飞鱼
寿命：5年
身长：48厘米
体重：0.9千克
食物：浮游动物和小鱼
栖息地：沿海水域
主要分布：遍布热带和亚热带水域

世界真奇妙！

飞鱼每次能在空中飞行近30秒。

红腹锯鲑脂鲤

红腹锯鲑脂鲤，又名红腹食人鱼、纳氏锯脂鲤等。它畅游于南美洲的河流以寻找昆虫和鱼类，一旦发现，红腹锯鲑脂鲤就会用锋利的牙齿将它们撕碎。它也会成群结队在水中游动以躲避凯门鳄或食肉鸟类的捕食。

世界真奇妙！

众所周知，饥饿的红腹锯鲑脂鲤会自相残杀！

超级数据

名称：红腹锯鲑脂鲤

寿命：10年或更久

身长：30厘米

体重：1.8千克

食物：肉块、小鱼、昆虫、无脊椎动物，有时还会吃水果

栖息地：湖泊和河流

主要分布：南美洲亚马孙河流域

叶海龙

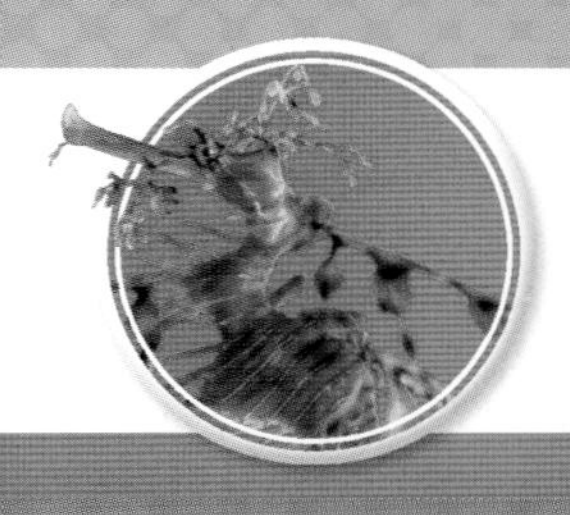

叶海龙，又名叶形海龙、藻龙、枝叶海马。虽然和海马有亲缘关系，但叶海龙却有着和海马不一样的长着“枝叶”的外表。它们慢慢地在水中摇曳着，就像漂浮着的海藻。不管是从身旁游过的捕食者，还是虾或其他猎物，都不会注意到这只叶海龙。

长长的鼻子用来捕食

叶海龙的体色和岩石或海藻很相似，是一种很好的保护色

身上的“枝叶”漂浮在水中

世界真奇妙！

与动物王国里大多数的雌性生物不同，雌性叶海龙会把卵留在雄性叶海龙的育儿袋里，让雄性叶海龙照顾。

超级数据

名称：叶海龙

寿命：野生情况下不详

身长：30厘米

体重：0.1千克

食物：虾、海虱

栖息地：珊瑚礁和海草丛

主要分布：东印度洋和澳大利亚南部海岸

弹涂鱼

这种独特的鱼可以离开水生存！弹涂鱼的鳍像强壮的手臂，可以推动它在陆地上前行。它也可以跳跃和攀爬，甚至还可以在海岸边或沼泽中捕食小型猎物。

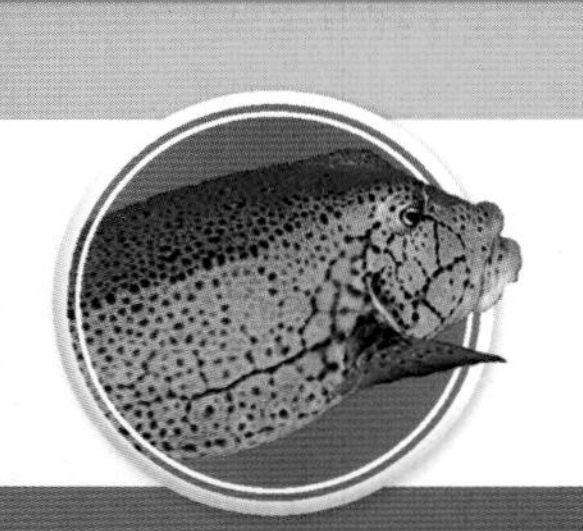

粒突箱鲀

粒突箱鲀，又名箱河鲀。它被坚硬的“盔甲”保护着，这层盔甲不是鳞片，而是一层厚厚的骨板，这层骨板可以防止捕食者吃掉它。但是这种防御方式使它活动起来很不方便，在水中游泳时必须格外用力地拍动鳍。

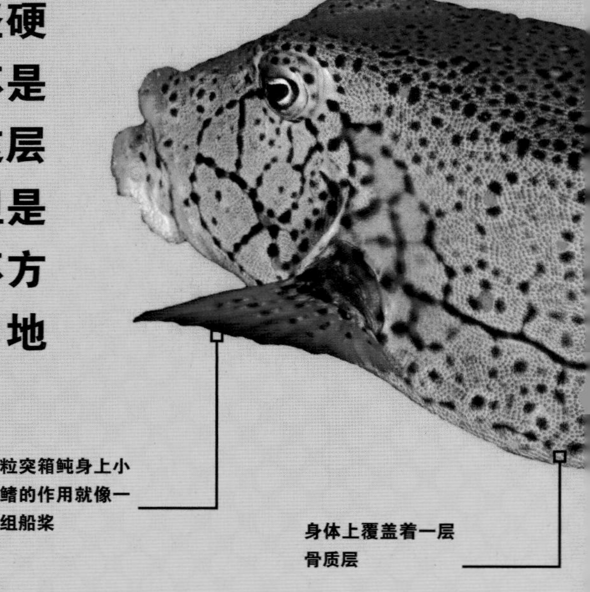

世界真奇妙！

弹涂鱼一生中有九成时间都能在陆地上度过。

超级数据

名称：弹涂鱼
寿命：5年
身长：7.5至25厘米
体重：0.5至65克
食物：无脊椎动物、鱼类和甲壳动物
栖息地：河口、潟湖和红树林沼泽
主要分布：非洲西部海岸

世界真奇妙！

一些粒突箱鲀的皮肤还能分泌有毒的黏液来吓唬捕食者。

超级数据

名称：粒突箱鲀
寿命：约4年
身长：45厘米
体重：1.5千克
食物：软体动物、甲壳动物、鱼类、蠕虫和藻类
栖息地：珊瑚和岩礁
主要分布：印度–西太平洋区域

大尾巴有助于它游泳和转向

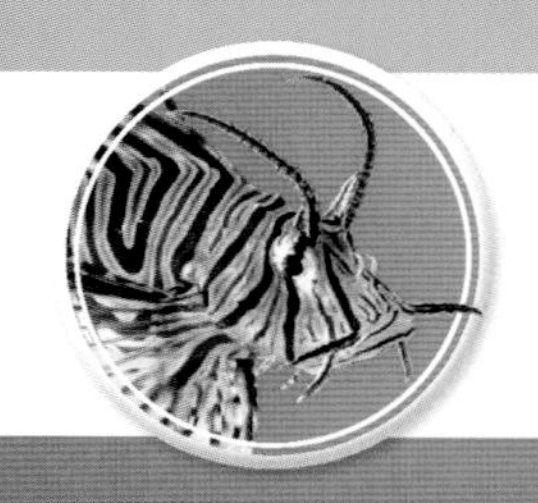

蓑鲉

超级数据

名称：蓑鲉
寿命：15年
身长：20至38厘米
体重：1.1千克
食物：鱼、蟹、虾、蜗牛和其他小型海洋动物
栖息地：岩礁、珊瑚礁盘、浑水和潟湖
主要分布：从印度洋到太平洋中部的热带海域的近岸区域

蓑鲉，又名红色狮子鱼、狮子鱼。它虽然个头比陆地上的狮子小得多，但也是一种危险的捕食者。它身上可怕的刺中含有毒素，可以刺痛任何攻击者。

世界真奇妙！

蓑鲉的毒刺足以让人瘫痪。

瓜氏鹦哥鱼

瓜氏鹦哥鱼和鹦鹉一样，都有着强壮的喙和鲜艳的体色。它能够用喙掰开珊瑚，并把珊瑚咬碎，吃掉附着在上面的藻类。吞下的珊瑚被消化后像沙子一样被排出体外！

世界真奇妙！

瓜氏鹦哥鱼通过吃掉珊瑚礁上的藻类来保持珊瑚礁的清洁。

超级数据

名称：瓜氏鹦哥鱼
寿命：7年
身长：30至50厘米
体重：75千克
食物：藻类
栖息地：浅海水域和珊瑚礁
主要分布：世界各地，热带地区尤为繁多

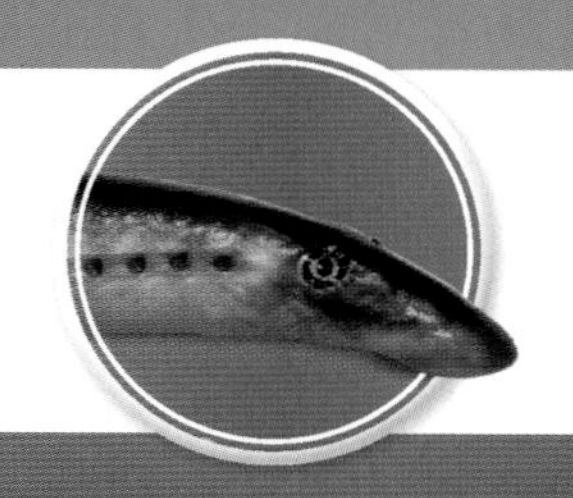

七鳃鳗

七鳃鳗，又名八目鳗、七星子。可别小瞧了这种海洋生物强大的吸力！七鳃鳗的嘴是一个有着超强吸力的器官，它不但能使七鳃鳗附着在猎物身上，还能在猎物的皮肤上吸出来一个洞，进而吸出猎物的血和肉。七鳃鳗的卵产在河流中，孵化出来的小七鳃鳗也因此生活在河流中，而成年的七鳃鳗则会生活在海中。

世界真奇妙！

七鳃鳗因它的捕猎方式也被称为吸血鱼。

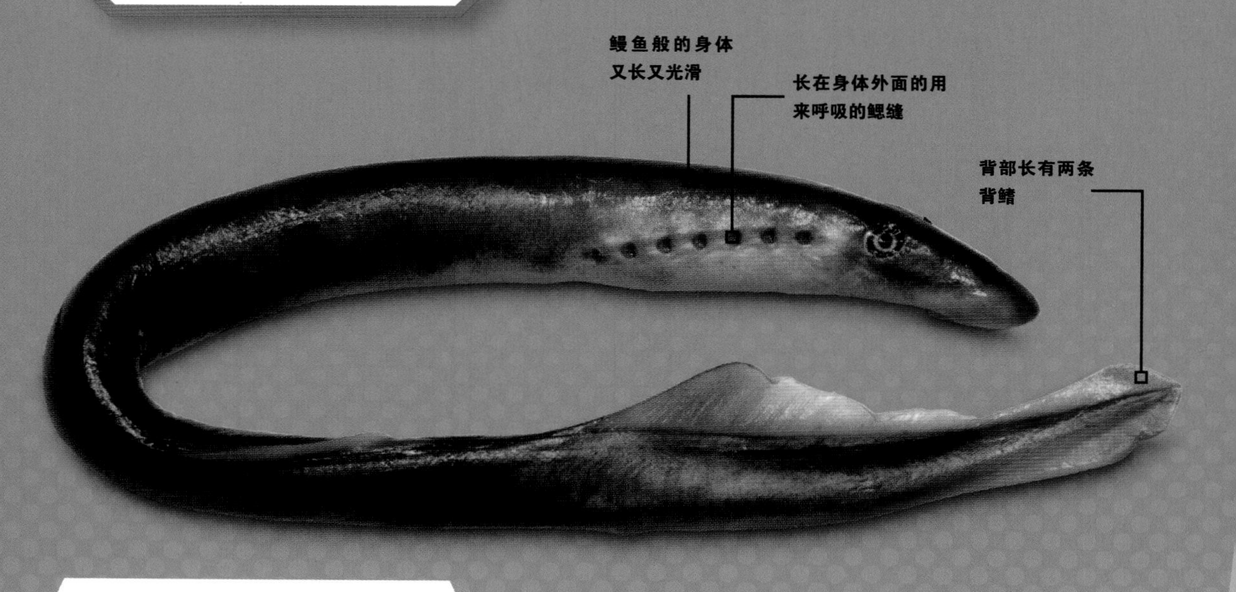

超级数据

名称：七鳃鳗
寿命：5年
身长：1.2米
体重：2.5千克
食物：鱼类
栖息地：在咸水中生活，在淡水中繁殖
主要分布：欧洲及北美的河流和海岸

密斑刺鲀

密斑刺鲀，又名密斑二齿鲀、斑点河鲀。倘若有敌人逼近，密斑刺鲀就会改变自身形状和大小。它会通过吞下大量的水使自己膨胀得犹如沙滩球一般，之后它身体上原本扁平的刺就会突立起来。你看，它现在又大又扎嘴，实在难以下咽！

锋利的刺是用来自卫的

大大的眼睛密切地注意着捕食者

用水让身体膨胀起来

世界真奇妙！

密斑刺鲀是一种河豚鱼——一种可以膨胀的鱼！

超级数据

名称：密斑刺鲀

寿命：不详

身长：约15厘米

体重：不详

食物：寄居蟹、帽贝、海螺

栖息地：如珊瑚礁盘这样的浅海地区

主要分布：世界各地

悉尼漏斗网蜘蛛

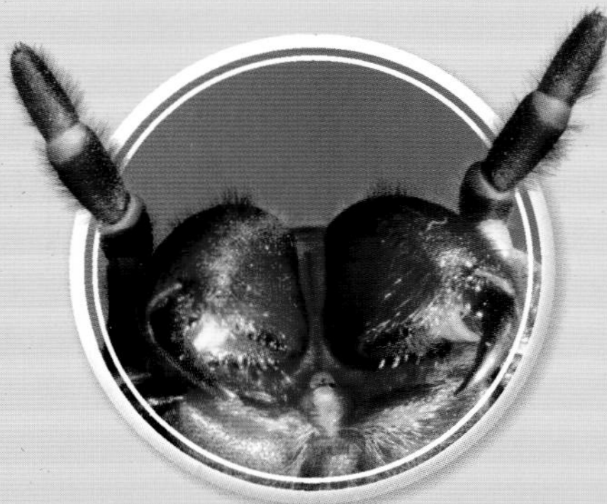

悉尼漏斗网蜘蛛原产于澳大利亚，是世界上最致命的蜘蛛之一。在受到威胁时，它会后腿直立，露出毒牙，向敌人发起致命一击。它的毒液强大到足以杀死人，并在敌人身上留下像被吸血鬼咬过的牙印！

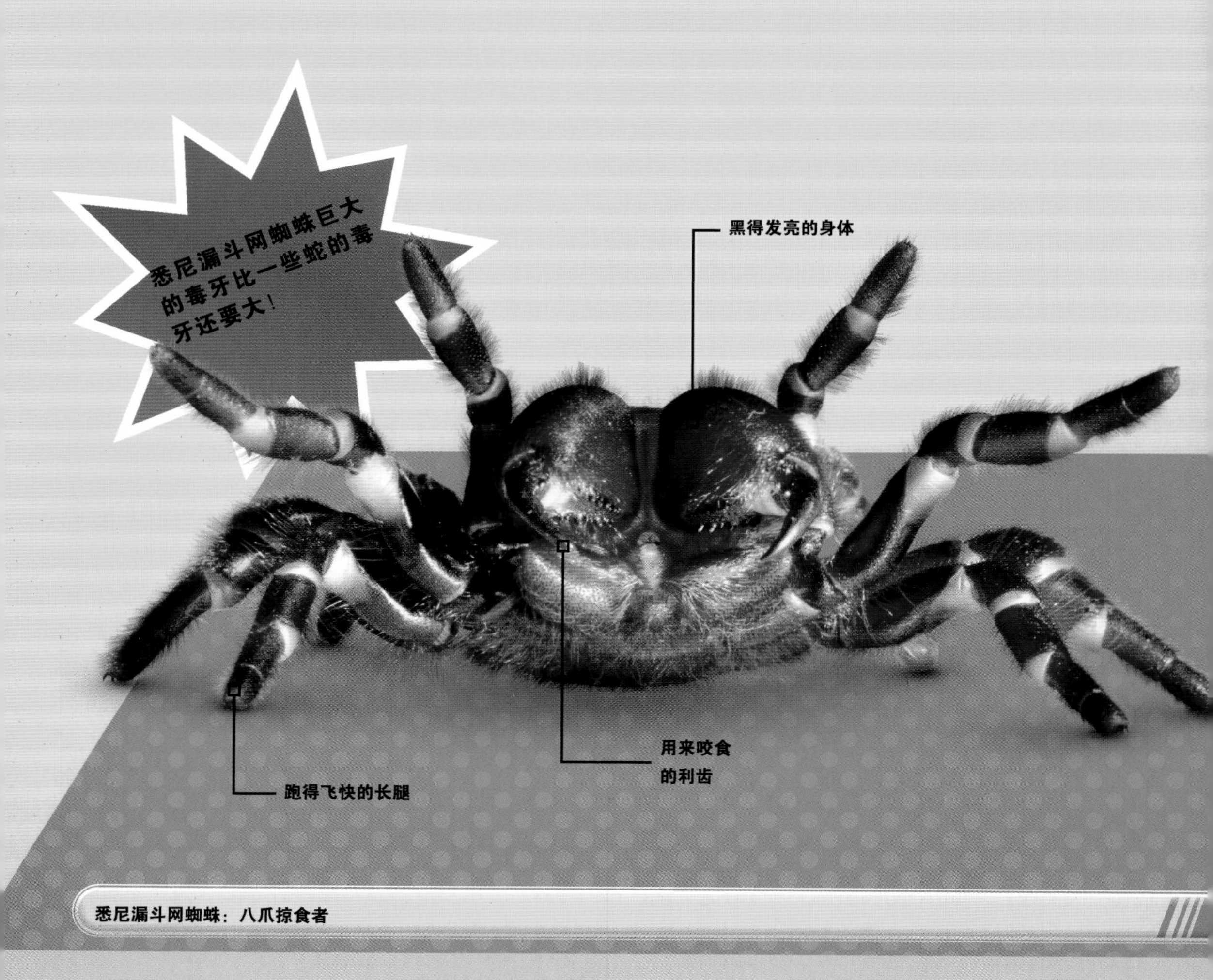

悉尼漏斗网蜘蛛：八爪掠食者

巅峰对决！

有些生物生来就有致命的毒液， 如果它们感到受到威胁，或者正在捕猎，就会释放这种秘密武器以击败对手。但这两种有毒生物中谁更致命呢？

玫瑰毒鲉

小心玫瑰毒鲉！这是地球上最毒的鱼之一。它们一般会安静地躺在珊瑚礁的低处，并通过改变自身颜色与沙子和岩石融为一体，但如果受到惊吓，它们也会反击——锋利的刺释放出强大的毒液，战胜敌人如“砍瓜切菜”。

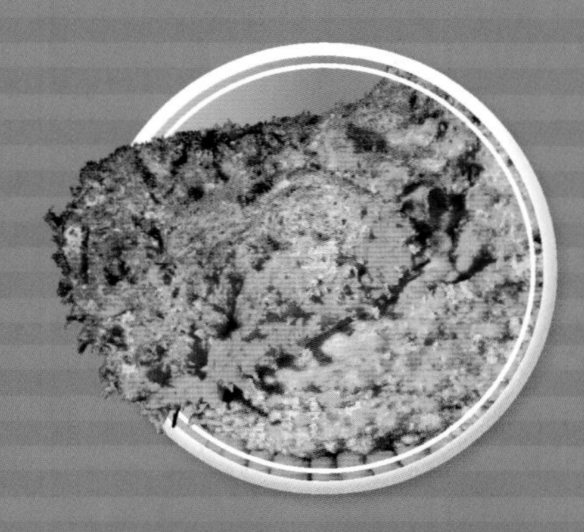

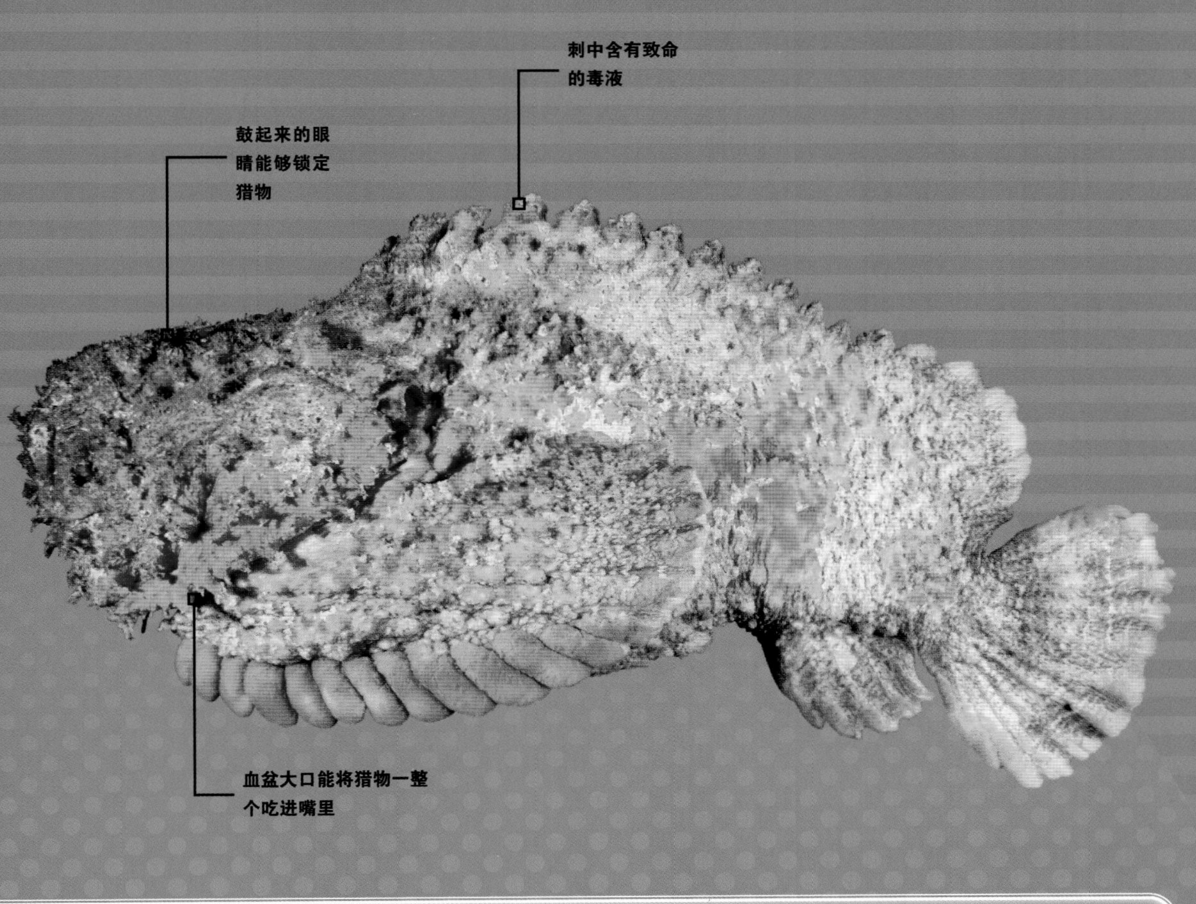

玫瑰毒鲉：致命的暗礁

谁会胜出？

被玫瑰毒鲉注入毒液的人几小时内就会死亡，而被悉尼漏斗网蜘蛛咬伤的人可以存活三天。所以，玫瑰毒鲉是胜利者。但只要及时送医、注射血清，不论是被玫瑰毒鲉还是被悉尼漏斗网蜘蛛咬伤，人们还是有很大机率可以存活下来的。

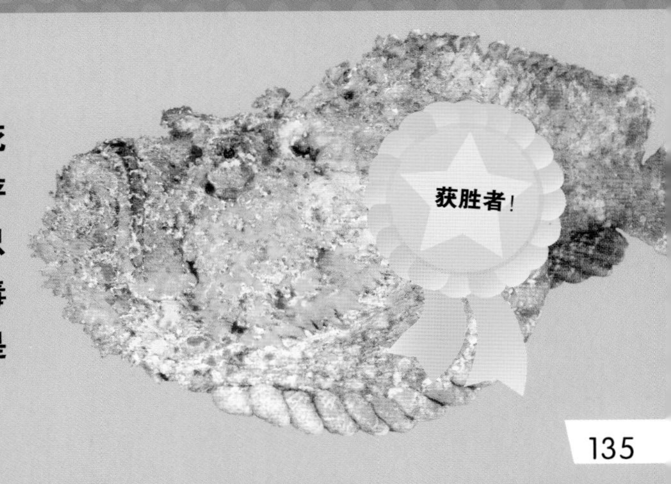

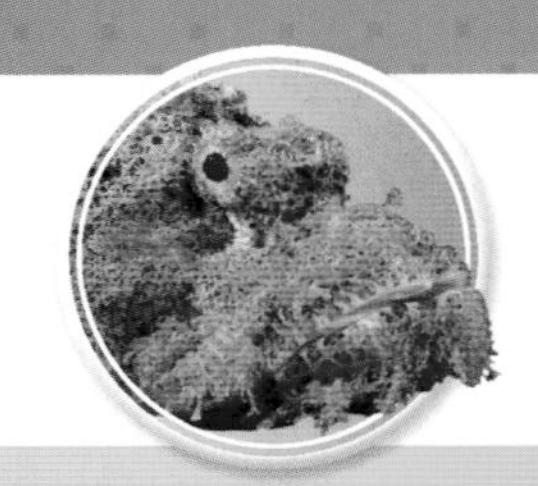

尖头拟鲉

这位伪装大师利用珊瑚礁作为伪装。它会通过改变自身颜色以适应周围环境，流苏状的皮肤能够与海藻或海草融为一体。尖头拟鲉一般会待在海底，等着吞下路过的鱼或甲壳动物。

双吻前口蝠鲼

双吻前口蝠鲼，又名鬼蝠、巨蝠鲼、飞魴仔、鹰魴。双吻前口蝠鲼是无可争议的鳐鱼之王，它的平均翼展为8米——相当于一辆双层巴士的长度！这只温和的巨兽在水中缓慢而平静地移动，以大量微小的浮游动物为食。

巨大的翼

没有鳞片的皮肤

毒刺可沿着背部直立而起

身上的颜色与礁石的颜色相似

一部分皮肤如流苏般从下巴垂下来

超级数据

名称：尖头拟鲉

寿命：约15年

身长：36厘米

体重：约1.6千克

食物：小鱼、甲壳类生物、蜗牛

栖息地：海洋、清水水域外礁斜坡及水道

主要分布：印度洋西部部分地区

世界真奇妙！

尖头拟鲉是世界上毒性最强的鱼类之一。

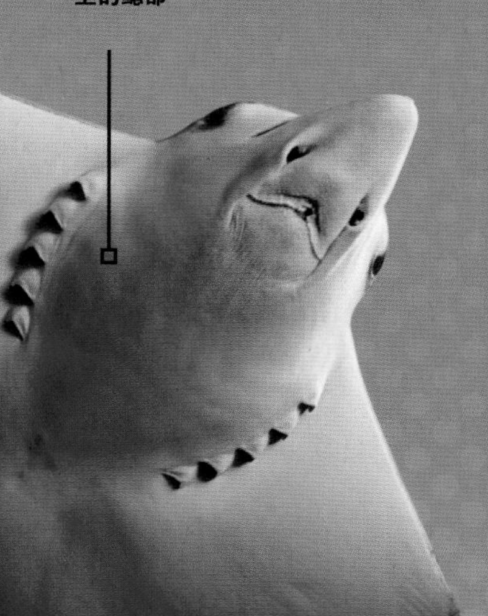

开口在皮肤上的鳃部

超级数据

名称：双吻前口蝠鲼

寿命：40年

身长：9米

体重：2,404千克

食物：浮游动物

栖息地：珊瑚和岩礁附近、开阔的海洋

主要分布：大西洋、太平洋、印度洋

世界真奇妙！

双吻前口蝠鲼的翼展最长可达9米！

玫瑰毒鲉

玫瑰毒鲉，又名老虎鱼、石头鱼。当这种鱼受到威胁时，它尖锐的刺会释放致命的毒素来杀死捕食者。这种石头状的鱼还可以改变自身的颜色来伪装自己。它能在海洋的底部蓄势待发，以沙为盾、以岩为城，这让路过的猎物防不胜防。

世界真奇妙！

石头鱼能一口吞下经过的猎物。

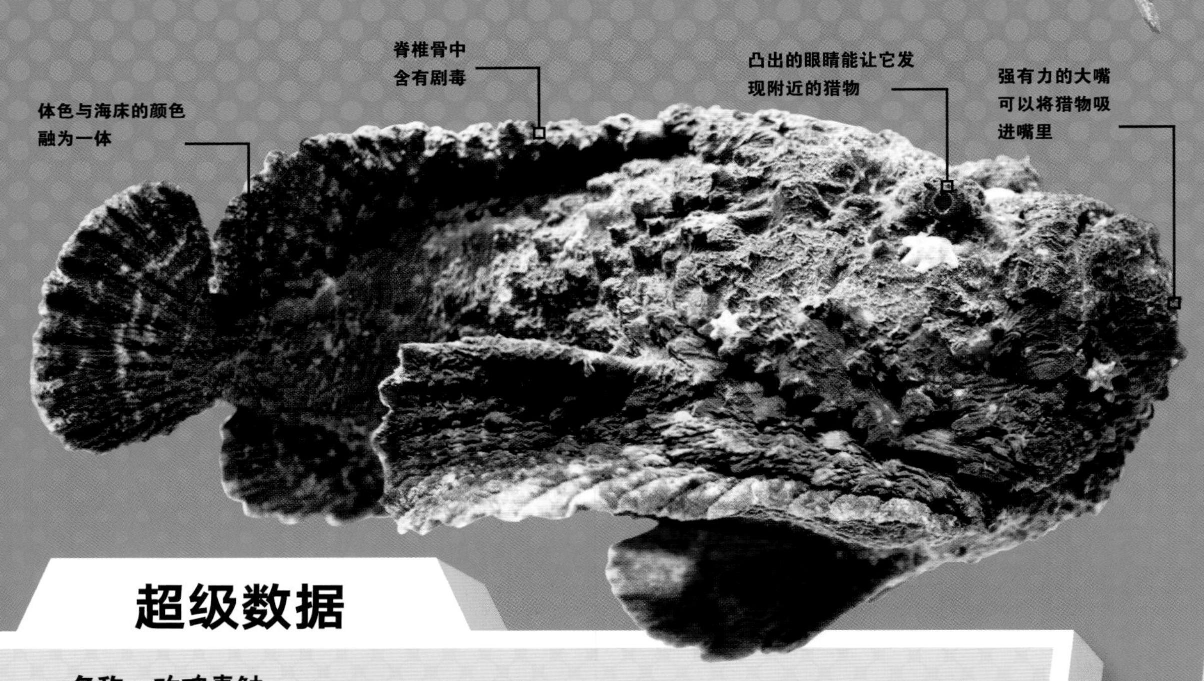

超级数据

名称：玫瑰毒鲉
寿命：5至10年
身长：60厘米
体重：约2千克
食物：鱼和甲壳动物
栖息地：珊瑚礁底部
主要分布：印度洋–太平洋海域

铲鮰

铲鮰，又名扁头鲇、肥头鲇。这种鱼是很容易被认出来的，因为它长着长长的触须，看起来就像猫的胡子。在浑浊的水中，铲鮰依靠它的触须来判断向它靠近的猎物是否美味。捕猎时，它会“嗖”地一下游上前去，抓住猎物并将其整个吞下。

超级数据

名称：铲鮰
寿命：最高可达20年
身长：64至117厘米
体重：56千克
食物：鲈鱼、鲷鱼、小龙虾及其他鲇鱼
栖息地：河流
主要分布：北美洲

世界真奇妙！

鲇鱼遍布除南极洲以外各个大陆的水域中。

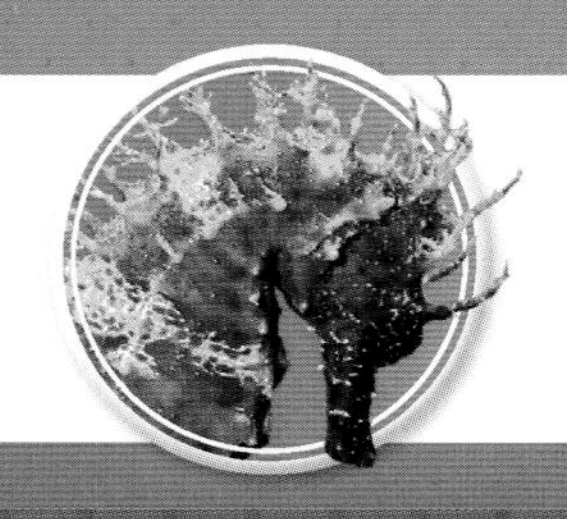

吻海马

吻海马，又名长吻海马。这是一种独特的鱼类，它有像马一样的小脑袋和一条卷曲的尾巴。海马是海洋中游得最慢的动物之一，游动时身体呈直立状态，通过拍打它的小背鳍在海中畅游。它会用长长的尾巴缠绕在海洋植物上来固定住自己的身体。

像马一样的脑袋

海马会用背鳍前进

用长长的鼻子来吸食浮游生物和甲壳动物

用强壮的尾巴来抓住植物

世界真奇妙！

海马爸爸可以从育儿袋里释放出2,000个海马宝宝。

超级数据

名称：吻海马

寿命：1至5年

身长：15厘米

体重：不详

食物：小型水生生物，如小型甲壳动物、浮游生物

栖息地：浅海沿岸水域

主要分布：从英国到地中海的大西洋沿岸

霓虹脂鲤

霓虹脂鲤，又名红绿灯鱼、霓虹灯鱼。它虽然只有回形针大小，但那耀眼的红色条纹，使得它在浑浊的河水中极为显眼。霓虹脂鲤是一种很友好的鱼类，它喜爱在浅滩中遨游，以寻求伙伴和得到庇护。

世界真奇妙！

霓虹脂鲤被当作宠物，饲养在世界各地数百万的鱼缸中。

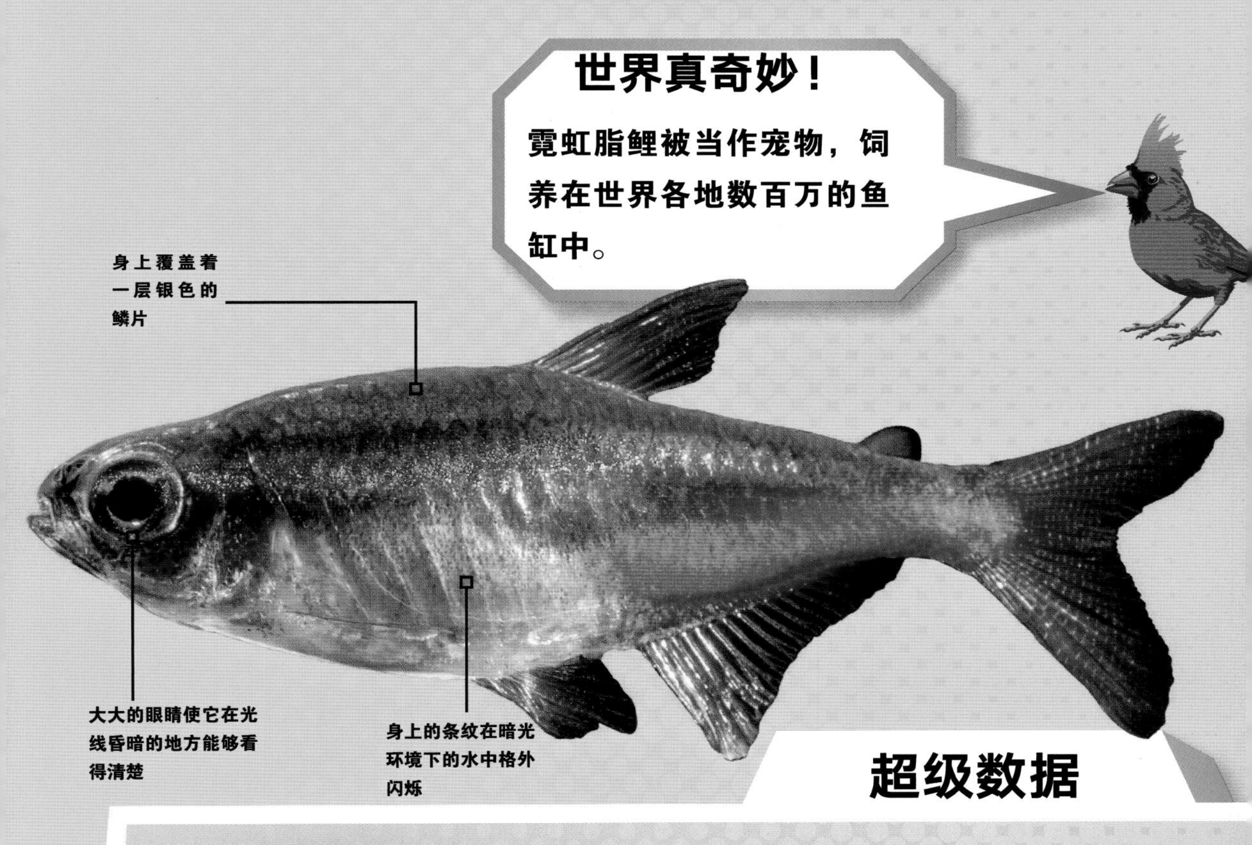

超级数据

名称：霓虹脂鲤
寿命：10年
身长：约4厘米
体重：约200毫克
食物：藻类、小昆虫、昆虫幼虫
栖息地：淡水溪流及河流
主要分布：南美洲的亚马孙河流域

大西洋牛鼻鲼

大西洋牛鼻鲼因其独特的头部形状而得名，它的脑袋看起来就像牛的鼻子一样。而且大西洋牛鼻鲼还是游泳健将，它会在海洋中扑腾着鳍长途跋涉，所到之处，蛤蜊、螃蟹和海螺都难逃成为它的食物的命运。

它的鳍就像是水中的翅膀

脑袋的形状就像牛的鼻子

尾巴上的小尖刺

世界真奇妙！

人们曾经发现过一万只大西洋牛鼻鲼结伴迁徙。

超级数据

名称：大西洋牛鼻鲼

寿命：15至20年

身长：60至78厘米

体重：最重约23千克

食物：小型海洋动物，如软体动物、硬骨鱼等；双壳类动物，如蛤

栖息地：海洋、半咸水水域、河流入海口、海湾

主要分布：大西洋东部、西部以及墨西哥湾

皇带鱼

皇带鱼，又名大海蛇、龙宫使者、龙王鱼等。它是世界上最长的硬骨鱼，这种体形庞大的鱼类可以和划艇一样长。尽管体形巨大，但这种海洋生物性格内向，它最喜欢的食物是一种叫磷虾的小型浮游生物。一些和海蛇有关的古老的神话传说很可能是以巨大的皇带鱼为原型而创作的。

世界真奇妙！

在日本的传说中，如果看到了一条这种巨大的皇带鱼，那么就意味着很可能发生地震。

超级数据

名称：皇带鱼

寿命：不详

身长：15.2米

体重：约300千克

食物：浮游生物、甲壳动物、鱿鱼

栖息地：热带和亚热带的深层水域

主要分布：世界各地

搏鱼

世界真奇妙！

搏鱼之间的打斗可以持续数个小时。

搏鱼有时也被称作暹罗斗鱼、马尾斗鱼，它会在东南亚的淡水溪流和水田中守护着自己的领地，时时刻刻都准备着迎接战斗。搏鱼之间的搏斗多为撕咬和冲撞。

超级数据

名称：搏鱼

寿命：约2年

身长：6厘米

体重：不足1克

食物：包括甲壳动物、浮游生物和昆虫幼虫在内的小型动物

栖息地：包括沼泽和其他浅水区在内的淡水水域

主要分布：泰国、马来西亚、印度尼西亚、越南、柬埔寨、老挝

海葵双锯鱼

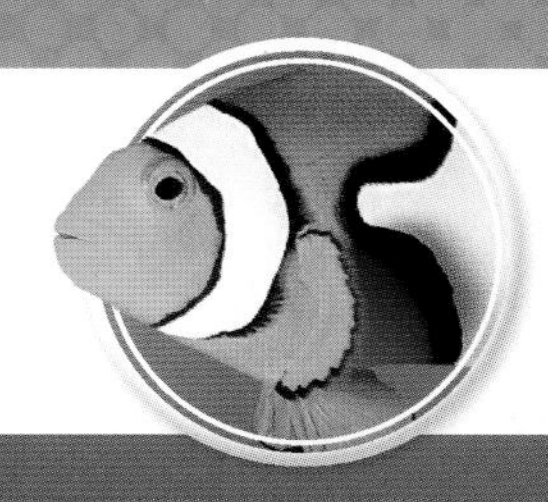

海葵双锯鱼，又名海葵鱼、小丑鱼。海葵双锯鱼的脸上有着明亮的条纹，看起来就像马戏团里小丑的妆容。这种小鱼生活在浅水珊瑚礁区的海葵丛中，以此来躲避捕食者。然而，它从来都不会被海葵蜇到，因为它的身体表面有一层黏液保护层。

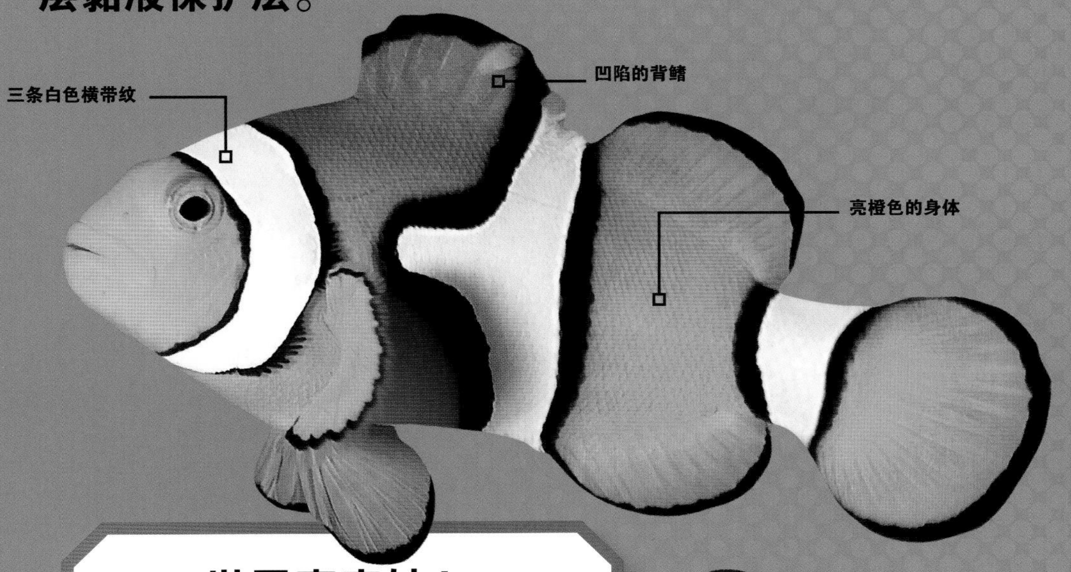

世界真奇妙！

小丑鱼出生时都是雄性的，但有些后来会变成雌性。

超级数据

名称：海葵双锯鱼

寿命：30年

身长：约10.9厘米

体重：约250克

食物：藻类、浮游动物、蠕虫、小型甲壳动物

栖息地：珊瑚礁

主要分布：印度洋、红海和太平洋西部海域

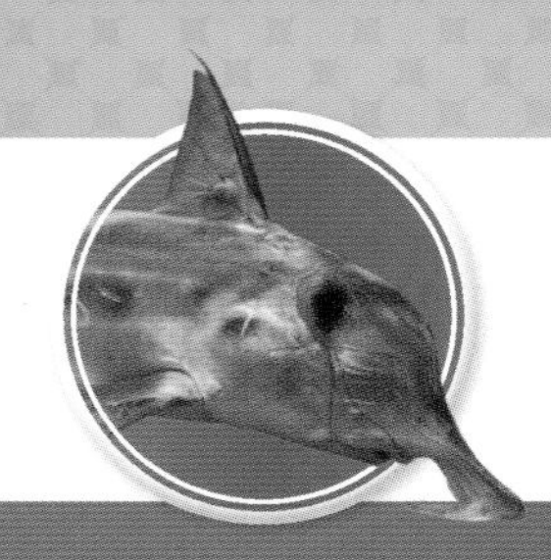

米氏叶吻银鲛

米氏叶吻银鲛有着像树干一样的长鼻子，所以有时人们也会称它为大象鱼。它那敏感的鼻子在澳大利亚南部海底寻找鱼类和贝类食物是再合适不过的了。

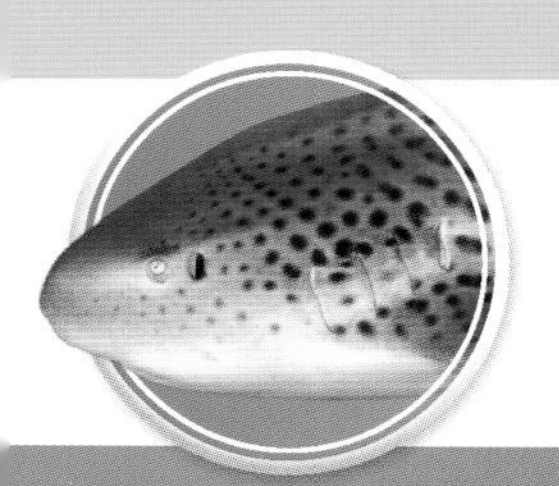

豹纹鲨

豹纹鲨，又名大尾虎鲛。这种鲨鱼在年幼时长着深深浅浅的条纹，就像斑马一样，但当它完全长大后，这些条纹就变成了斑点。这种游动缓慢的鲨鱼白天喜欢在珊瑚礁周围闲逛，到了晚上则会捕食小鱼和甲壳动物。

触须伸展开来，可以让它在黑夜中感知到猎物的动向

象征着它已成年的黑斑

硕大的眼睛

用鼻子搜寻猎物的动向

超级数据

名称：米氏叶吻银鲛　寿命：约15年

身长：约125厘米　体重：不详

食物：贝类和软体动物

栖息地：大陆架

主要分布：新西兰、澳大利亚南部海岸的西南太平洋海域

世界真奇妙！

米氏叶吻银鲛是在地球上生活了4亿年的古老生物。

世界真奇妙！

豹纹鲨是毯鲨的一种，这样命名是因为它大部分时间都在海床上休息。

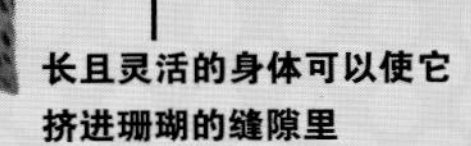

超级数据

名称：豹纹鲨

寿命：25至30年

身长：3.5米

体重：16至20千克

食物：软体动物、甲壳动物、小型鱼类和海蛇

栖息地：珊瑚礁、岩石和沙质海床

主要分布：印度洋和西太平洋

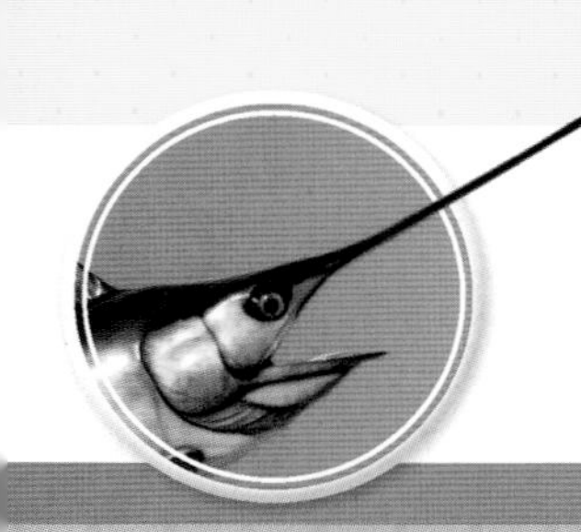

剑鱼

剑鱼，又名箭鱼、剑旗鱼、青箭鱼、丁挽四旗鱼。这种巨大、高速的猎手拥有极佳的视力和子弹状的身体，可以在水中穿梭自如。它的终极武器是长在鼻子上的一柄利剑，这柄利剑不但能够切削，甚至能以惊人的精确度击败猎物。

剑鱼是没有牙齿的！它用利剑般的鼻子攻击猎物，然后将猎物整只吞入。

超级数据

名称： 剑鱼

寿命： 约9年

身长： 4.5米

体重： 约530千克

食物： 鱼类和鱿鱼等无脊椎动物

栖息地： 海洋

主要分布： 大西洋、太平洋、印度洋以及地中海

世界真奇妙！

剑鱼鼻子上的利剑长可达1米！

柯氏喙鲸

柯氏喙鲸是一个真正的纪录创造者！这种鲸可以屏住呼吸两个多小时，这不但比其他哺乳动物的闭气时间都长，也让它比任何哺乳动物都潜得更深——人们曾看到它在水下3千米处活动！

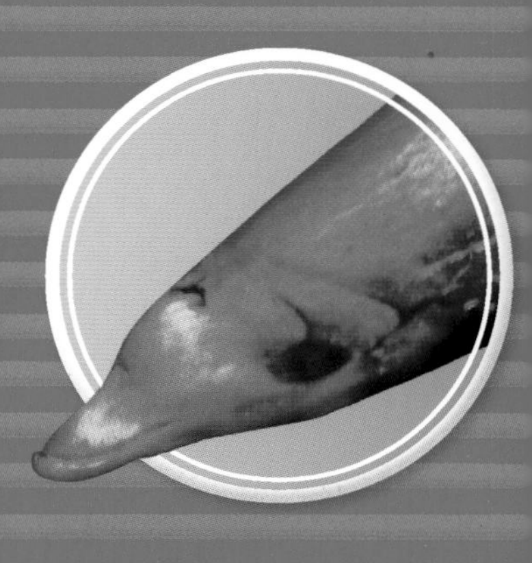

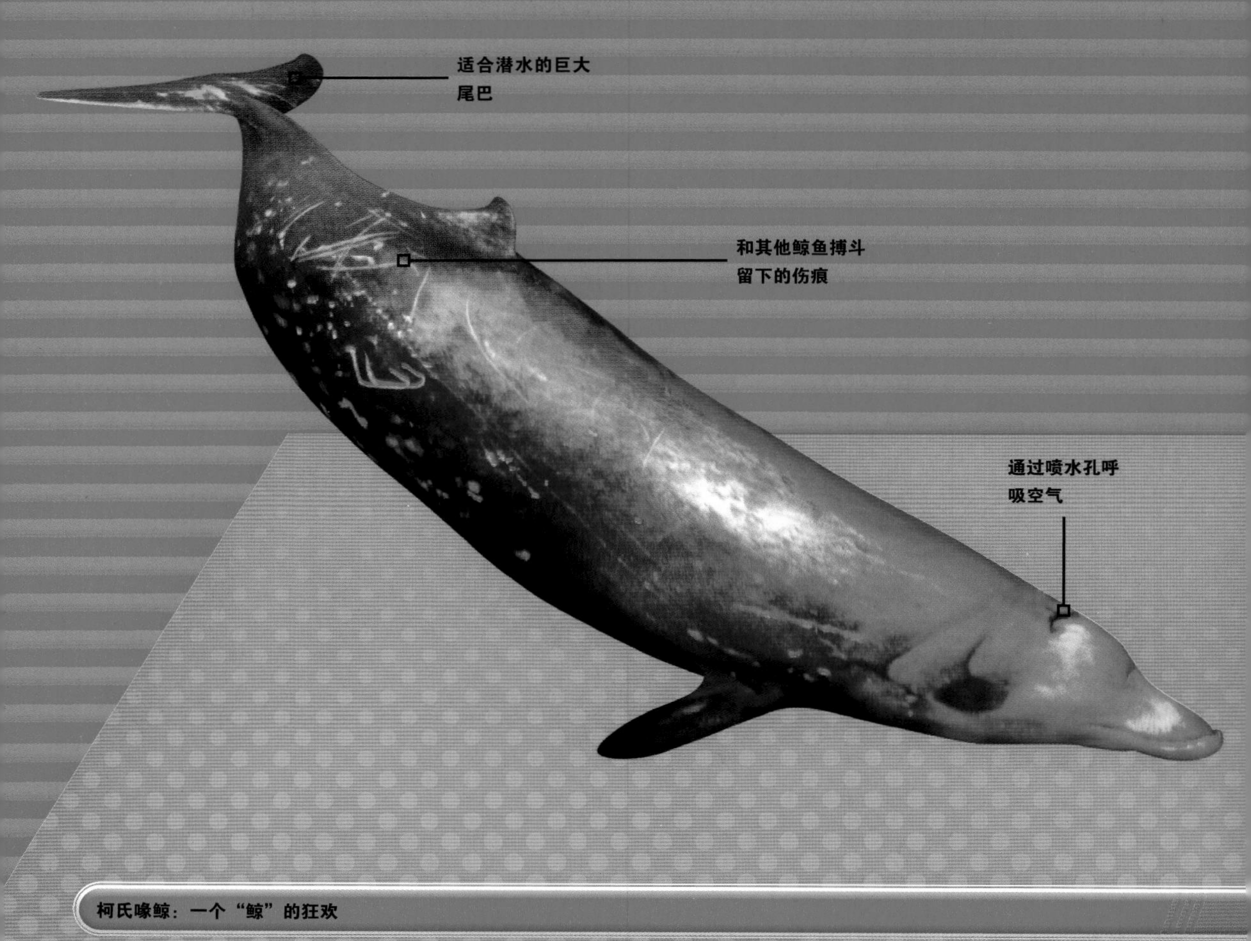

柯氏喙鲸：一个“鲸”的狂欢

巅峰对决！

海洋哺乳动物是不能像鱼那样在水下呼吸的。但是，它们中的一些进化出了长时间屏住呼吸的能力，这使它们能够潜入水下深处寻找食物，但它们能潜得和深海鱼类一样深吗？

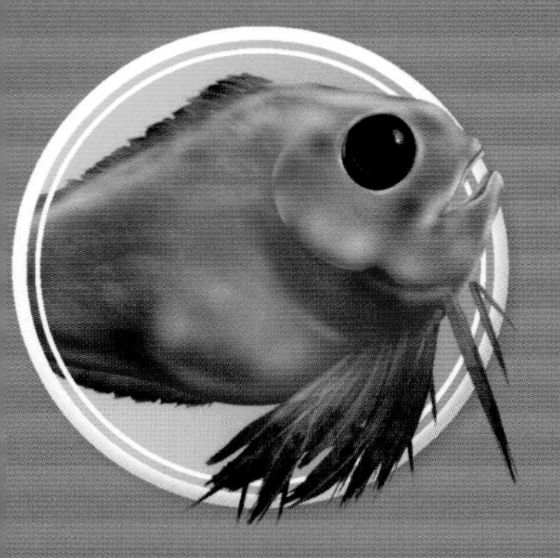

马里亚纳狮子鱼

马里亚纳狮子鱼在海洋中生活得比其他鱼类都要深。它生活在太平洋最深处约8千米的海底，那里被人称为马里亚纳海沟。这种强壮的狮子鱼在极端的压力、寒冷和无尽的黑暗中仍然能够存活。

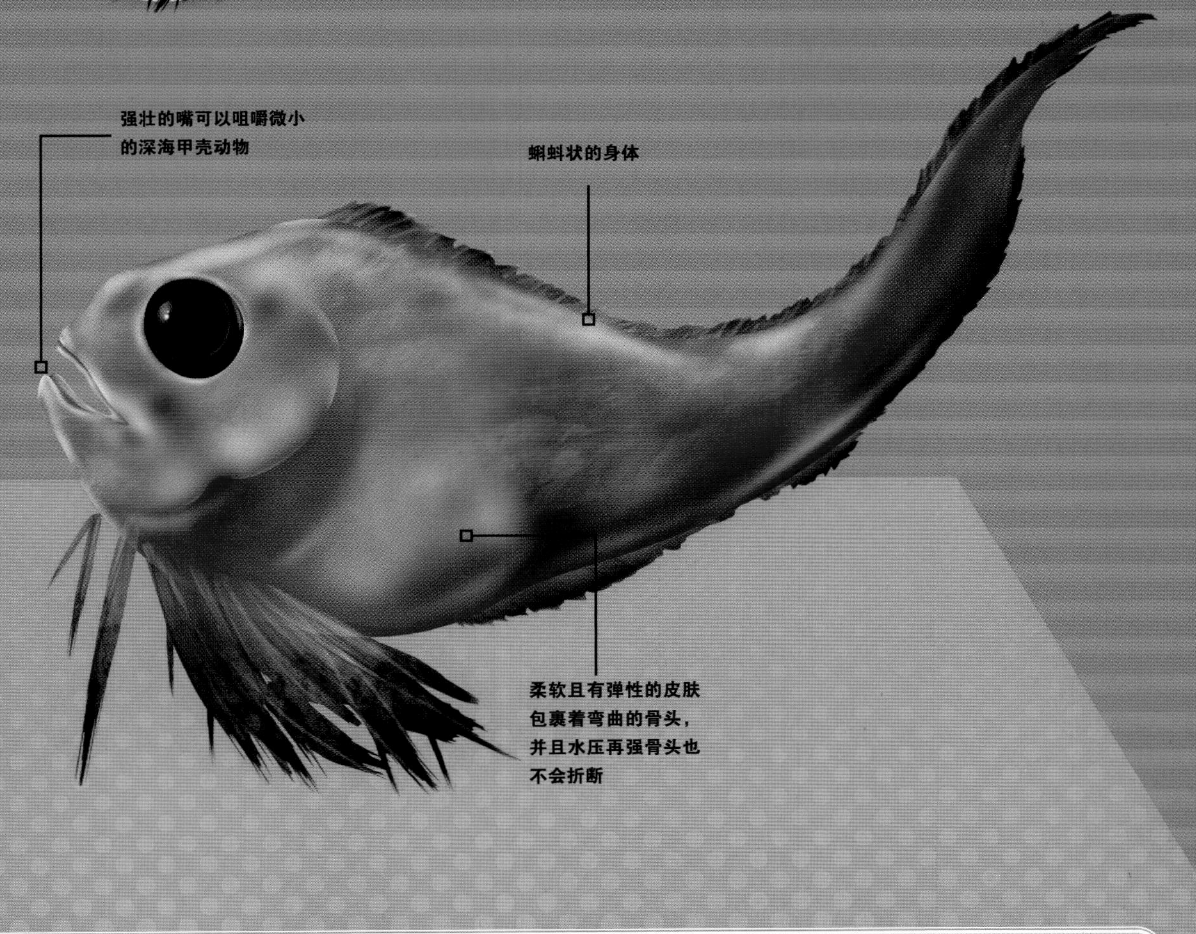

马里亚纳狮子鱼：抗压冠军

谁会胜出？

获胜的动物不需要通过游到水面获取氧气，它的身体能很快地适应环境，甚至在深海水域也不会被水压压碎。马里亚纳狮子鱼是这场比赛中下潜更深的生物！

迁徙

许多动物都会进行漫长而艰难的旅行——迁徙。在迁徙中它们可以横越整个海洋。 有些动物会迁徙到新的地方觅食或繁殖； 另一些则跟随太阳迁徙到温暖的地方躲避寒冷。它们中大多数都会结伴旅行，以保证安全，避免在途中遭到捕食者的袭击。

始发地：密西西比河
目的地：远在3,200千米之外
在春天，美国白鲟会游到密西西比河上游更深的水域。一旦雌性找到合适的地点，在条件允许时，它们就会产卵。一周后，卵孵化，幼鱼就会被带回到下游。

始发地：加拿大
目的地：墨西哥
黑脉金斑蝶会在加拿大寒冷的月份飞到阳光明媚的墨西哥，这次旅行可能会花费它们两个月的时间。到达后，它们会休息很长时间以恢复元气，之后便会产下卵。令人惊讶的是，黑脉金斑蝶宝宝天生就知道它们要一路飞回加拿大！

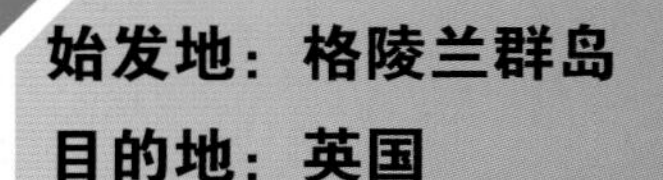

始发地：格陵兰群岛
目的地：英国
黑雁会离开冰冷的格陵兰岛，前往南方过冬。它们会飞到气温适宜的英国北部。在这里，它们整个季节都吃绿色植物，之后在春天到来时飞回家。

始发地：美国北部水域
目的地：美国南部水域
宽吻海豚喜欢热带水域。当水温下降时，它们就会沿着大西洋海岸向南迁徙过冬。温暖的水域中有更多的鱼，这为海豚提供了充足的猎物。

迷幻躄鱼

这种引人注目的躄鱼栖息在印度尼西亚的热带水域。它身上那反差鲜明的色泽和抽象扭曲的图案，会让捕食者陷入困惑。这种鱼的游泳方式就是用鳍在海床上蹿动，它甚至可以像青蛙那样跳跃！

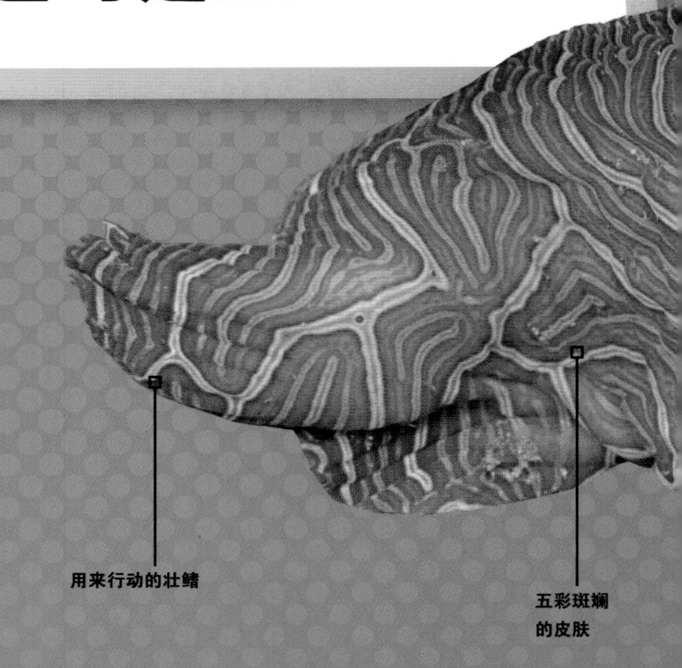

大颚细锯脂鲤

透过这条小鱼的皮肤，你可以清楚地看到它的骨骼，就像通过X光看人类的骨骼一样。为了不被吃掉，它隐居在淡水池塘和湖底，以昆虫和甲壳动物为食。

小巧光滑的身体

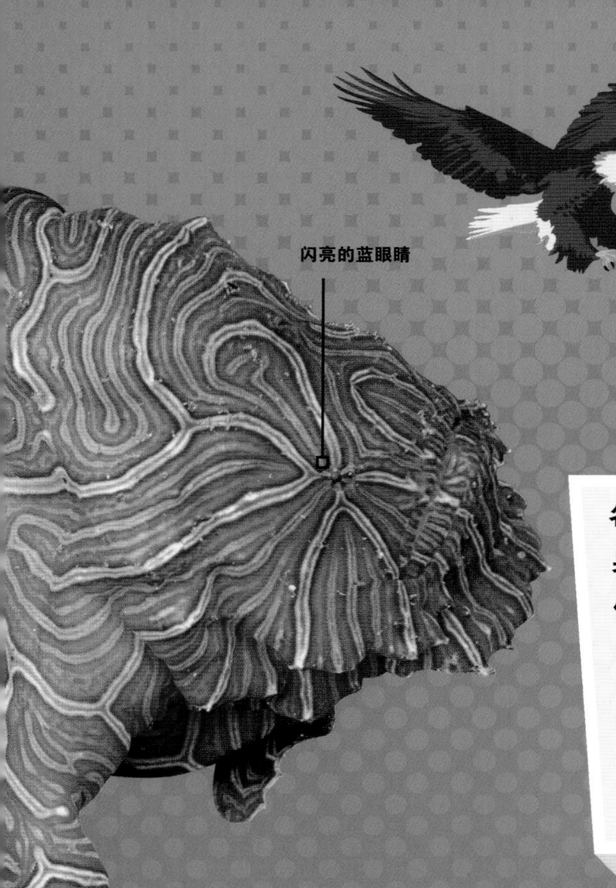

世界真奇妙！

每一只躄鱼的皮肤图案都是各不相同的。

超级数据

名称：迷幻躄鱼　寿命：不详

身长：最长可达15厘米

体重：不详

食物：鱼类和虾类

栖息地：热带沿海水域

主要分布：印尼巴厘岛和马鲁古群岛周围的水域

透明的皮肉让它的骨骼清晰可见

五彩斑斓且有条纹的鳍

超级数据

名称：大颚细锯脂鲤　寿命：2至5年

身长：最长可达4.8厘米

体重：不详

食物：小型蠕虫、昆虫和甲壳动物

栖息地：淡水池塘及湖泊

主要分布：巴西、圭亚那和委内瑞拉的亚马孙盆地地区

世界真奇妙！

大颚细锯脂鲤游动时可以利用透明的身体在水中隐身。

电鳗

就像一条会游泳的蛇，电鳗在南美洲的沼泽水域中伺机而动，寻找食物。它的体内长有3个“发电机”，这使它能释放强大的电流，把猎物电昏或致其死亡。

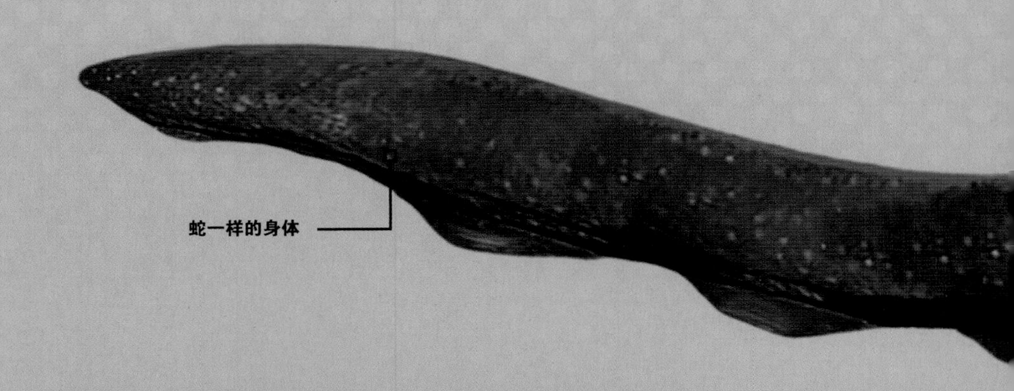

欧洲鳗鲡

欧洲鳗鲡出生在开阔的海洋中，从出生开始便会展开一段史诗般的迁徙。它先是进入内陆，再穿越淡水河流。一旦成年，雌性鳗鲡会再游很长一段距离回到海里，回到它出生的地方产卵。

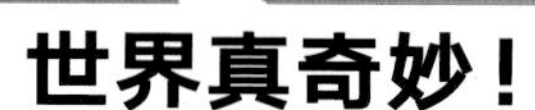

世界真奇妙！

在中国，电源插座的电压是220伏，但一条电鳗能产生的电压可达660伏！

超级数据

名称：电鳗
寿命：已追踪调查22年之久但至今不详
身长：2.5米
体重：22千克
食物：其他鱼类、小型哺乳动物和无脊椎动物
栖息地：阴暗泥泞的河流
主要分布：南美洲北部

世界真奇妙！

有史以来活得最久的一条欧洲鳗鲡的寿命长达155岁。

超级数据

名称：欧洲鳗鲡　寿命：5至20年
身长：最长可达1.3米
体重：最重可达6.5千克
食物：无脊椎动物和腐肉
栖息地：淡水水域、河口和海洋
主要分布：大西洋北部、波罗的海及地中海的河流中，产卵的水域在大西洋西部的马尾藻海水域

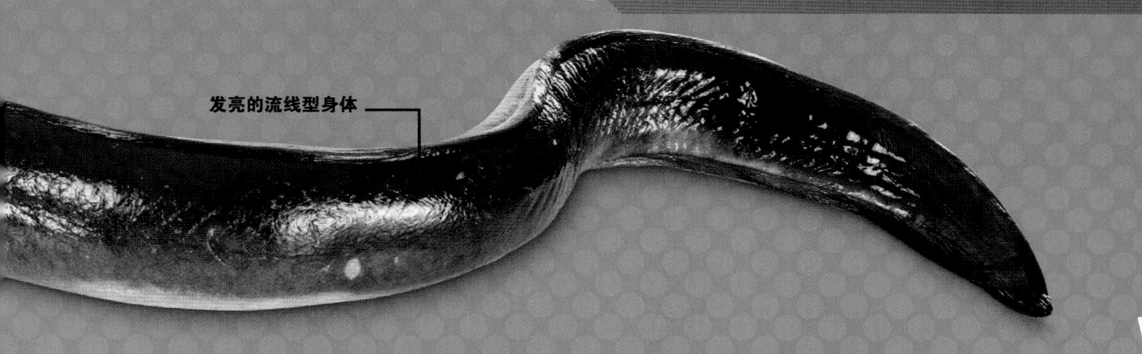

北极露脊鲸

又名弓头鲸，是世界上最长寿的哺乳动物。像它这样的生存专家可以在北极水域里存活200年。虽然气温极低，但是露脊鲸身上有保暖的脂肪层和特殊的细胞，让它们可以自我修复和预防一些可以致死的疾病。

北极露脊鲸：世界上最长寿的动物

巅峰对决！

大多数的人类会因为能活到100岁而感到高兴。但相对另一些生物而言，100岁还只是小朋友而已！这次对决的两种动物，谁是活得更久的那一个呢？

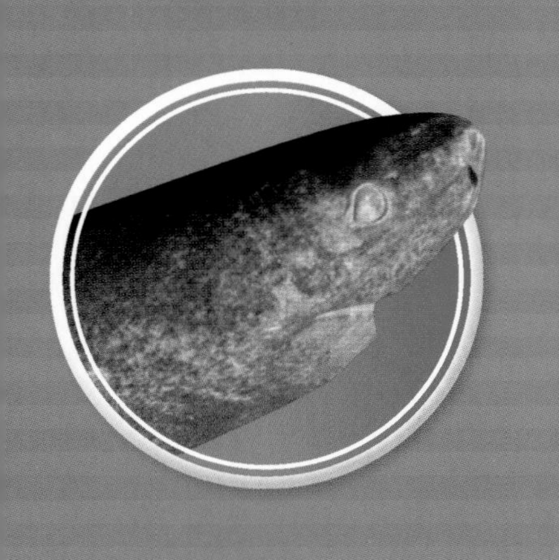

格陵兰睡鲨

又名小头睡鲨、格陵兰鲨、大西洋睡鲨、灰鲨。这种体形庞大的鲨鱼在大西洋冰冷的海水中缓缓游动着，以此寻找路过的猎物或残存的食物。它每年都会长大1厘米。这意味着它体形越大，年龄就会越大——人们发现其中一些个体的身长可达5米之长……

一种会发光的生物——人们称这种生物为桡足类生物，它附着在鲨鱼的眼睛上，这会吸引猎物靠近，成为鲨鱼的美餐！

谁会胜出？

迄今为止，研究发现的最长寿的格陵兰睡鲨年龄在272岁到512岁之间（大约是400岁）。这意味着格陵兰睡鲨成了世界上寿命最长的脊椎动物。

大白鲨

大白鲨，又名噬人鲨、食人鲛、白死鲨、白鲛、食人鲨。这种巨大的捕猎者天下无敌，这意味着它处于食物链的顶端。大白鲨在海洋中悄无声息地游动着，它不放过任何捕猎的机会，以凶猛的力量撕咬猎物来填饱自己的肚子。

世界真奇妙！

尽管很多人都害怕鲨鱼，但其实大白鲨是很少攻击人类的。

超级数据

名称：大白鲨

寿命：最高可达70年

身长：4至55米

体重：680至1,089千克

食物：海洋哺乳动物、鱼类、鲨鱼和海龟

栖息地：多数大白鲨分布在温带沿海水域

主要分布：美国东北部和西部的海岸、智利、日本北部、澳大利亚南部、新西兰、非洲南部和地中海

它那约300颗锋利的牙齿一生都在不停地更换！

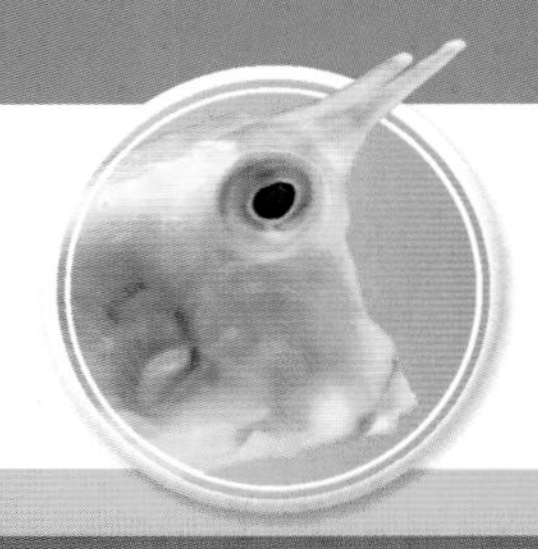

牛角鲀鱼

这种不寻常的小鱼因它头上的长角而得名，它的角看起来就像一个喇叭或是公牛的牛角。当受到威胁时，它的皮肤会分泌致命的毒素来阻止攻击者。

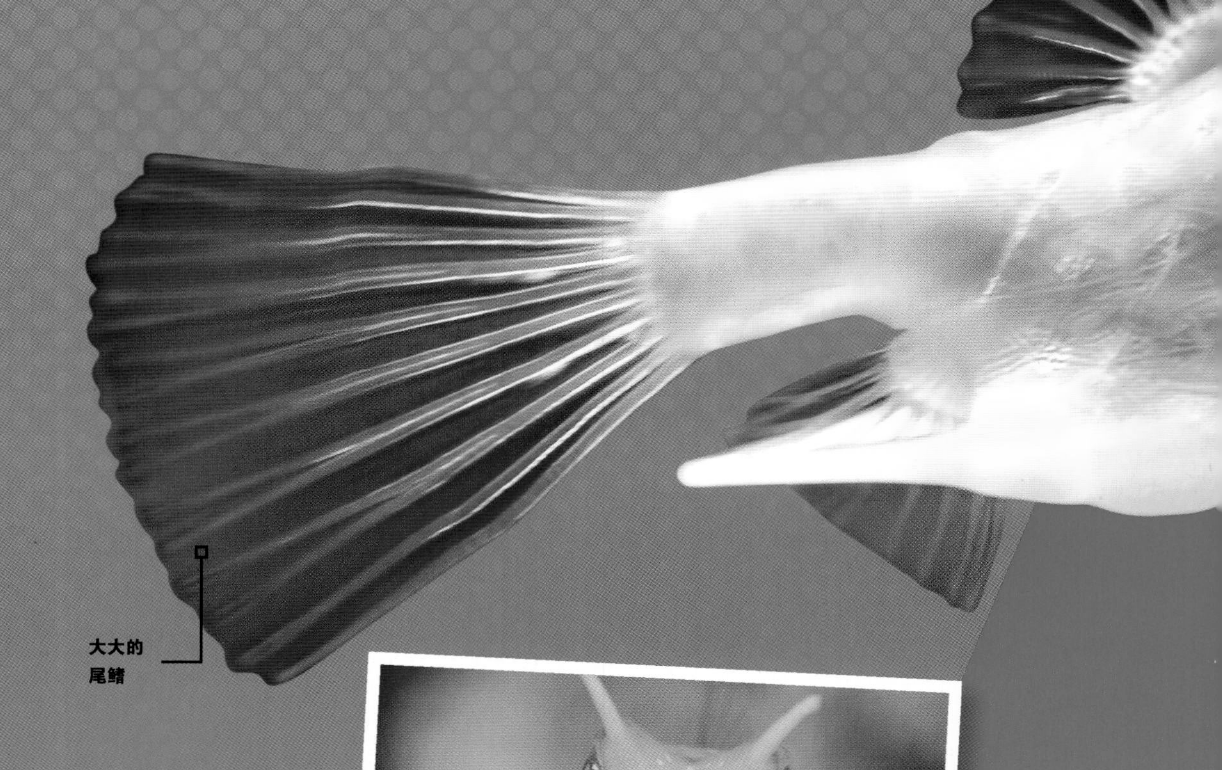

像小方盒一样的身形。

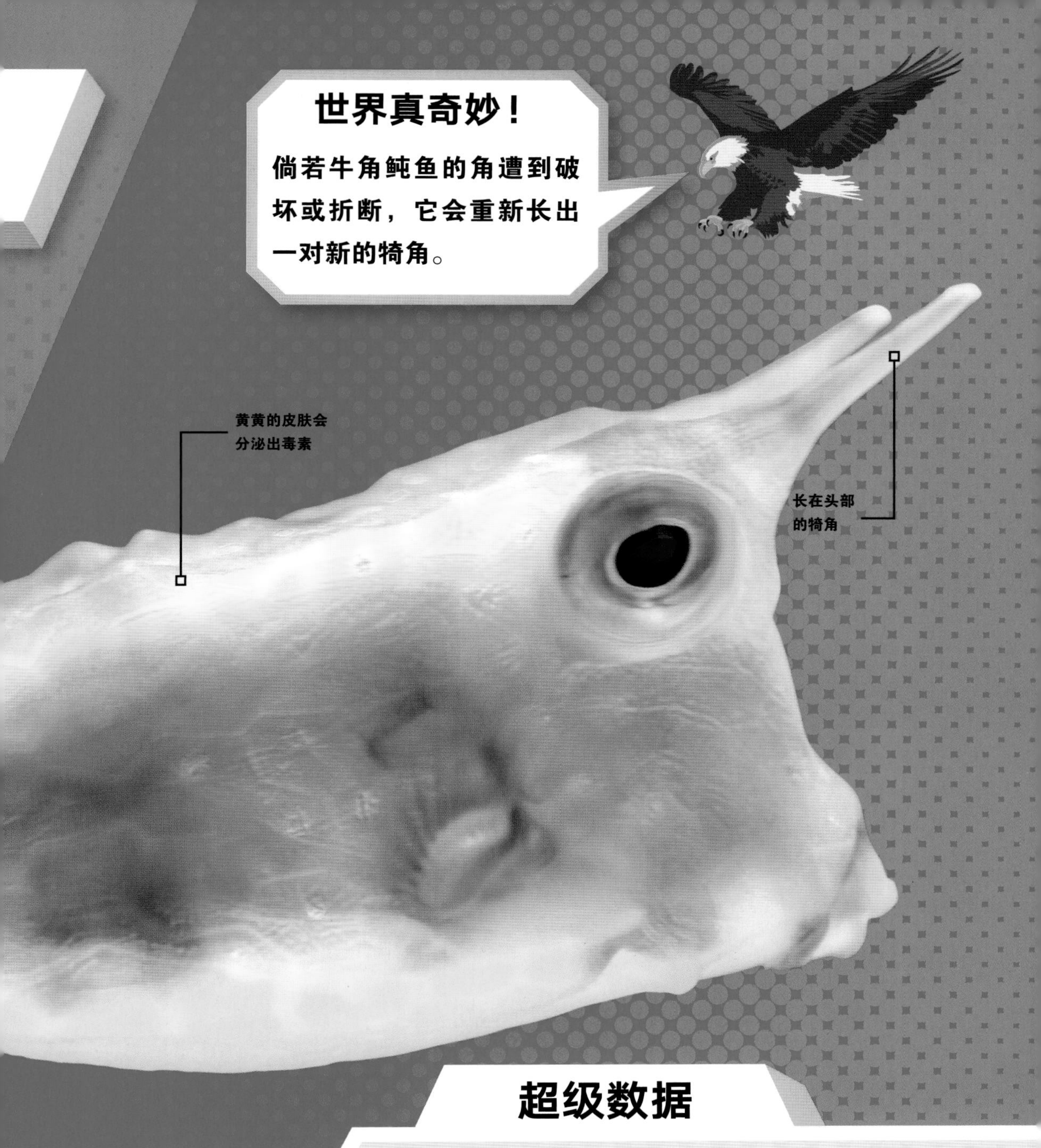

超级数据

名称：牛角鲀鱼

寿命：人工养殖情况下最长可达8年

身长：最长可达40厘米

体重：不足1千克

食物：藻类、蠕虫、软体动物、小型甲壳动物和鱼类

栖息地：珊瑚礁水域、礁滩及不受污染的外海珊瑚礁水域

主要分布：太平洋、印度洋和红海

鸟类

至少有500亿只鸟类动物在我们星球的天空中翱翔。它们经过了数百万年的进化，与曾经称霸地球的恐龙有亲缘关系。由于大多数的鸟类都会飞，这让它们能四处漫游，在沙漠、山脉、海洋、森林、苔原和草原上安家。鸟类的多样性会让人感到不可思议，现在是时候见见我们的羽翼朋友了——你能认识多少种呢?

什么是鸟类？

世界上大约有一万种不同种类的鸟。它们都长着羽毛、一对翅膀、两条腿和一个喙。无论是通过快速地拍打翅膀来飞行，还是缓慢地滑翔，绝大多数的鸟都是会飞的。而不会飞的那些鸟，它们不是跑步健将就是游泳能手。

羽毛

鸟身上覆盖着的羽毛是由角蛋白构成的——角蛋白也存在于你的头发和指甲中。鸟类的羽毛分为3类。柔软蓬松的羽毛覆盖身体保暖；短而结实的羽毛可以不让雨水打湿皮肤；长于翅膀和尾巴上的飞羽用于起飞、飞行和着陆。

鸟喙

不同种类的喙都可以帮助鸟类进食。食肉的鸟类，如鹰，它那钩状的喙可以撕碎猎物；捕鱼的鸟类则用长长的喙来从水里捕获滑溜溜的鱼；而吃昆虫的鸟类会用窄而尖的喙小心地啄取小猎物。

雌性与雄性

许多雄鸟的色泽要比雌鸟更为鲜艳。这样的外表有助于雄性寻找配偶。比如，公绿头鸭的颜色是五彩斑斓的，而母绿头鸭的颜色是暗淡的棕色。另外，雄孔雀还会展开尾巴，露出耀眼的羽毛。

蛋

所有的雌鸟都会下蛋，蛋有坚固的外壳来保护里面的幼鸟。大多数鸟类会用树枝、树叶或泥土筑巢。这为雌鸟提供了一个安全的产卵场所。鸟爸爸和鸟妈妈会坐在巢里为鸟蛋保暖，并保护它们不受捕食者的伤害。

羽翼之奇迹

会飞的鸟类都有着特殊的身体结构，以帮助它们从地面上起飞并在空中徘徊。中空的骨骼使它们的体重很轻，流线型的外形使它们能够在空中滑翔，扇动的翅膀能使它们停留于空中。

漂泊信天翁

漂泊信天翁的翼展是所有鸟类中最大的，最长可以达到3.4米——这可比一辆公共汽车还要宽呢！信天翁扇动一次翅膀可以滑翔数小时之久，它能在一次旅程中飞行16,000千米的距离。它敏锐的眼睛可以找到水下的鱼、鱿鱼或章鱼等食物。

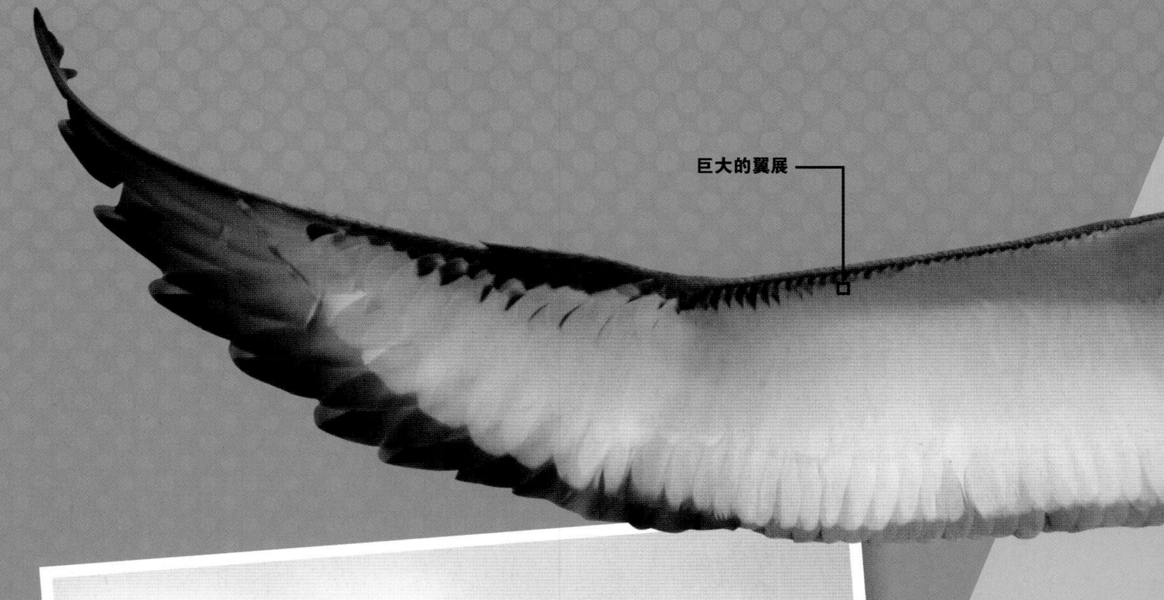

一对对信天翁彼此陪伴度过一生。

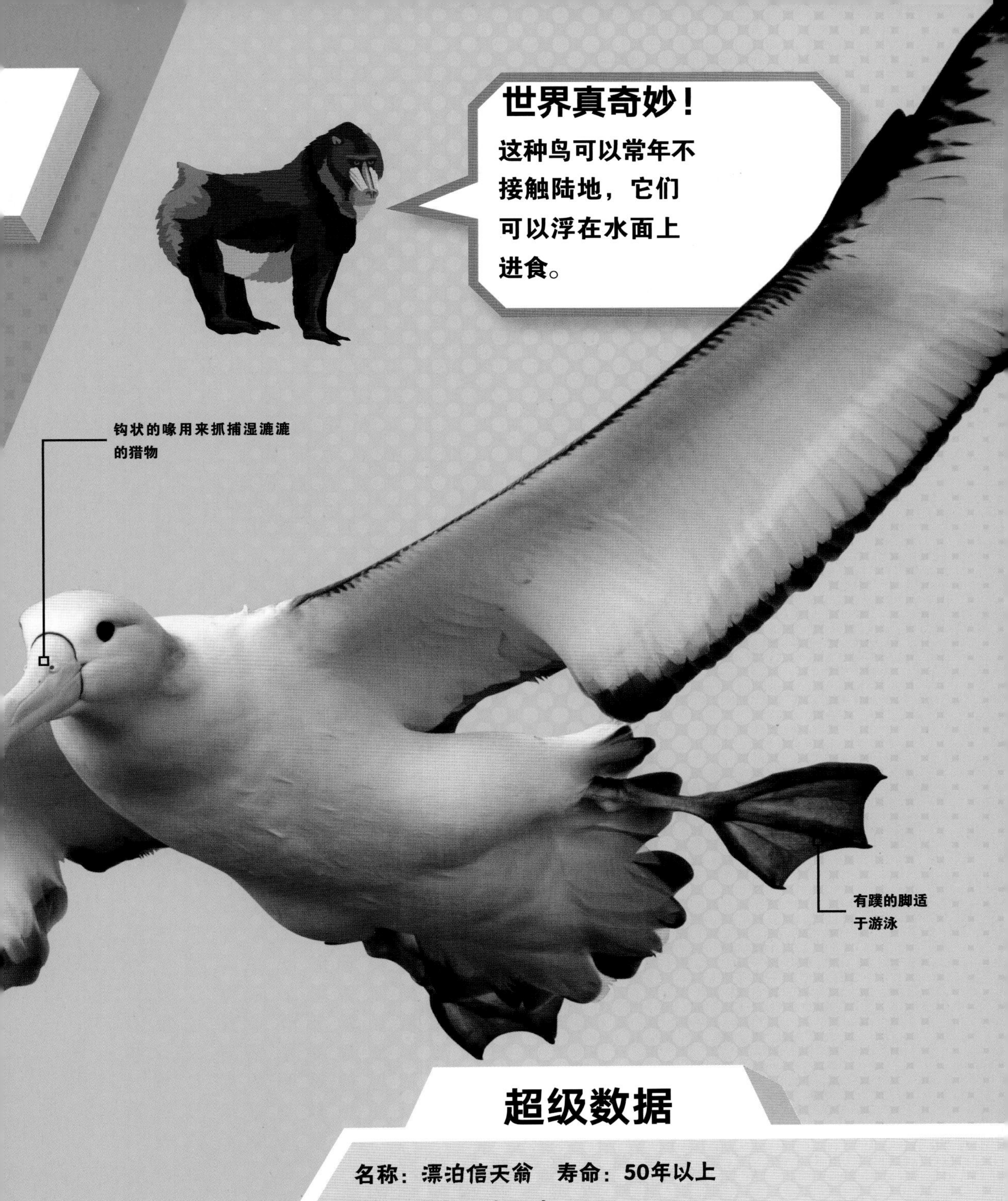

超级数据

名称：漂泊信天翁　寿命：50年以上

身长：最长可达1.3米

体重：6.5至11.5千克

食物：小型海洋动物

栖息地：开阔海域

主要分布：南极海域

北极燕鸥

北极燕鸥是迁徙这个领域的冠军，它要长途跋涉到世界的另一端，然后再回到原点！每年这种鸟都会从北极飞往南极洲，然后再飞回来。因此，北极燕鸥大部分的时间都在飞行。

北极燕鸥在一年中能遇见两个夏天，因为它会从一个夏季地区飞到另一个夏季地区。

北极燕鸥：远距离飞鸟

巅峰对决！

为了繁殖、觅食或是寻找更温暖的天气，有些生物每年都会环游世界。它们飞向天空，在海洋中游泳，又或是在地面上行进。哪位旅行者是走得最远的呢？

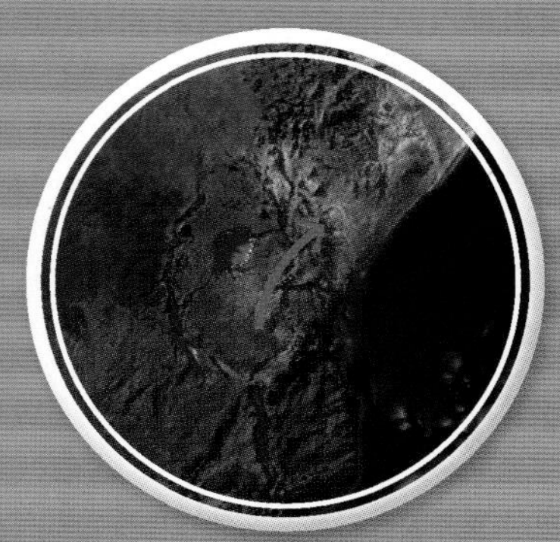

牛羚

为了寻找最好的、茂密的草地，每年大约有150万只体形庞大且毛茸茸的牛羚一起结伴旅行，它们紧跟着季节性的降雨在坦桑尼亚和肯尼亚行进。和它们一起旅行的还有其他热带草原生物，比如斑马和瞪羚。

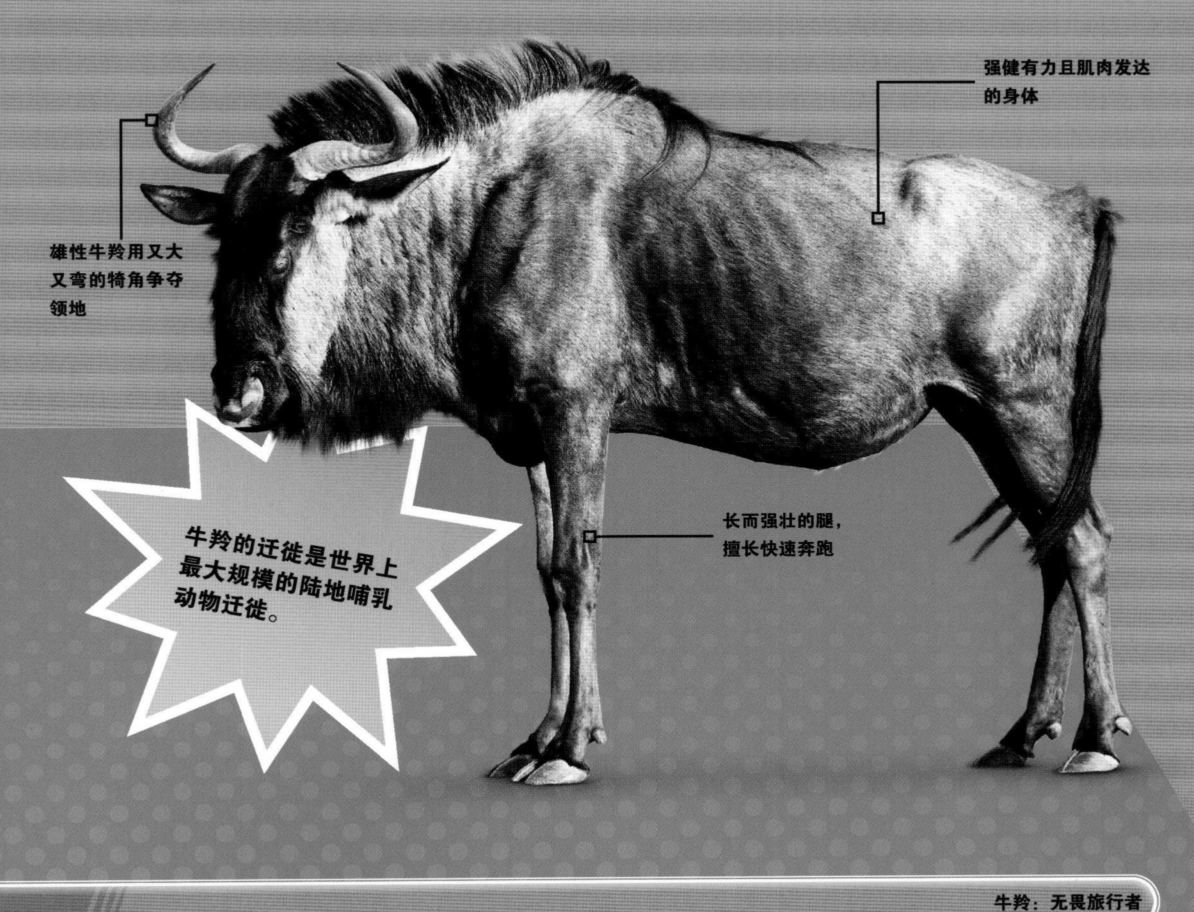

谁会胜出？

北极燕鸥比其他动物迁徙得都远。它一共要飞行71,000千米的距离才能到达目的地。而牛羚比大多数的陆地动物走得都远，即使这样，它每年的庞大迁徙也不过480千米而已。

加州兀鹫

加州兀鹫，别名加利福尼亚神鹰，是一种在陆地上寻找食物的秃鹫。它可以用硕大的翅膀直冲云霄。让我们来见识一下这种北美洲最大的鸟类。

世界真奇妙！

一些加州兀鹫的翼展可达3米之长！

超级数据

名称：加州兀鹫

寿命：最长可达60年

身长：1.2至1.3米

体重：8至14千克

食物：死去的哺乳动物，如牛和鹿

栖息地：岩石峭壁

主要分布：美国西部

褐鹈鹕

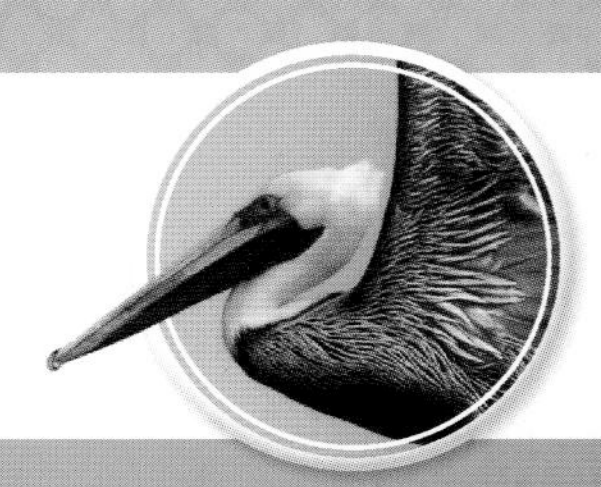

褐鹈鹕的喙大得出奇，它的作用和渔网一样。这种鸟会把嘴伸进水里捕鱼。它的嘴里有一个富有弹性的“袋子”，一时吃不掉的鱼就被存放在那里。

世界真奇妙！

褐鹈鹕嘴的容量是胃的3倍。

超级数据

名称：褐鹈鹕

寿命：最长可达30年

身长：0.9至1.5米

体重：3.2至3.7千克

食物：鱼类，如鲱鱼

栖息地：沿海水域和小型海岛

主要分布：北美洲和南美洲，沿太平洋、大西洋和加勒比海岸的水域

北极海鹦

北极海鹦不仅会飞，还会游泳。它扇动着像鳍一样的翅膀，以迅雷不及掩耳之势穿过水面，它巨大的蹼足则能帮助它调整前进的方向。

世界真奇妙！

海鹦的嘴和舌头上长有尖尖的刺，这让它能同时钩住很多滑溜溜的鱼。

超级数据

名称：北极海鹦

寿命：10至20年

身长：约26厘米

体重：约450克

食物：沙鳗、毛鳞鱼和鲱鱼

栖息地：在夏季时，它栖息在海崖；到了繁殖季节，它会飞去公海和外海

主要分布：北冰洋和北大西洋，以及它们的岩石海岸和岛屿

雪鸮

雪鸮，又名雪枭、白猫头鹰、白鸮、雪鹰，是北极地区最大的猎鸟。它一身洁白的羽毛可以与冰雪融为一体，起到伪装的作用。它用灵敏的听觉来探寻在雪下活动的小猎物，然后一个俯冲给它们致命一击。

超级数据

名称：雪鸮
寿命：最长10年
身长：约65厘米
体重：1.5至2.9千克
食物：兔子、田鼠、旅鼠、鸭子和鹅
栖息地：冻原带
主要分布：在北极及其周围，以及冬季更温暖的地方

世界真奇妙！

雪鸮不会咀嚼，所以它会将猎物一口吞掉，啊呜！

大红鹳

大红鹳，又名大火烈鸟、美洲红鹳、古巴火烈鸟、红鹤、火鹤。火烈鸟是群居鸟类，它们聚集在湖泊和海岸线的温暖水域。一个由上百万只火烈鸟所组成的鸟群是相当华丽壮观的！火烈鸟是滤食性动物，会用像筛子一样的大嘴捕捉小虾和海藻，然后将水过滤掉。

超级数据

名称： 大红鹳
寿命： 44年
身高： 1.2至1.5米
体重： 约4千克
食物： 昆虫、虾和小型绿植
栖息地： 盐田、咸水湖、浅水泊、泥滩和沙洲
主要分布： 非洲、南亚和欧洲

它食用的食物中含有天然色素，这使得它的羽毛呈粉红色

世界真奇妙！

通常情况下，火烈鸟会使用一条腿站在水里睡觉！

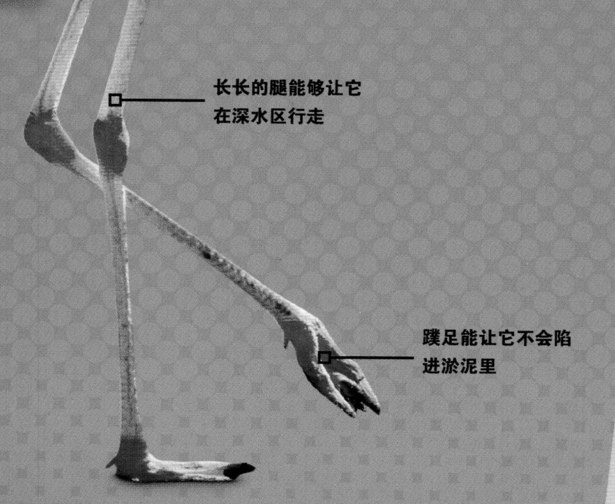

蛇鹫

蛇鹫，又名秘书鸟、行军鹰、鹭鹰、食蛇鹫、蜿鹫、书记鸟、射手鸟。蛇鹫一般很少飞行，它长长的腿能够长途跋涉数小时之久。捕获猎物后，它会用有力的脚踢打猎物，然后再把它们整个吞下去！

引人注目的黑色毛冠

强壮的脚能够杀死猎物

适于长途跋涉的长腿

超级数据

名称：蛇鹫

寿命：10至15年

身高：1.1至1.5米

体重：约4千克

食物：小型啮齿动物、两栖动物和爬行动物

栖息地：草原、大型谷物农场、半沙漠和灌木丛

主要分布：撒哈拉以南的非洲地区

世界真奇妙！

蛇鹫攻击猎物的方式和数百万年前的史前鸟类如出一辙。

安第斯神鹫

安第斯神鹫，又名康多兀鹫、安第斯神鹰、南美神鹰、南美秃鹫、安第斯兀鹫，是世界上最大的飞行鸟类之一。它生活在南美洲白雪皑皑的高山上，那里的强风帮助它在空中滑翔。安第斯神鹫是一种食腐动物，它用出色的视力发现动物的尸体，然后俯冲下来吃掉。

世界真奇妙！

安第斯神鹫可以飞行160千米的距离，其间不用拍打翅膀。

超级数据

名称：安第斯神鹫

寿命：最长可达50年

身长：1.2至1.3米

体重：8至14千克

食物：已死亡的哺乳动物，如死去的牛或鹿

栖息地：高山、低地沙漠、开阔的草原、沿海岸线和高山地区

主要分布：秘鲁、智利、委内瑞拉北部、阿根廷和哥伦比亚

雄性安第斯神鹫的眼睛是棕色的，而雌性安第斯神鹫的眼睛是红色的。

吸蜜蜂鸟

吸蜜蜂鸟，又名侏儒蜂鸟、神鸟，体形只有蜜蜂那么大。在加勒比海岛国古巴的栖息地中，这种快速飞行者每秒拍打翅膀80次，它可以向前、向后移动，还能在半空中悬停。它有一个长长的喙，用来吸食花的甜花蜜吃。

长羽毛的“美食家”

如果你想知道一只鸟喜欢吃什么，看看它的喙就知道了。喙的特性取决于它生长的环境和吃的东西。

食肉鸟类

雕、鹰和猫头鹰喜欢吃肉。这些熟练的猎手俯冲下来，用锋利的爪子抓住猎物，然后用钩状的喙撕开肉。

捕鱼鸟类

捕鱼鸟类拥有长长的喙，可以在水下刺杀或捕捉到猎物。苍鹭会用它像剑一样的喙来叉鱼，而朱鹮则从河里捕食虾和蠕虫。

食用坚果的鸟类

鹦鹉就是吃坚果的鸟类。它会用钩状的喙啄开果壳。

食用种子的鸟类

像麻雀和苍头燕雀这样的鸟类都是以小种子为食的。它们像鹦鹉一样，会用尖尖的喙把种子啄开。

另类的“吃货”

埃及秃鹰是一个偷蛋贼，它会把其他鸟类的蛋啄开然后吃掉。

在食物短缺的情况下，吸血地雀会啄鲣鸟的脚吸它的血。

蛇鹰经常会吃蛇，它们还会吃一些具有毒性的物种。

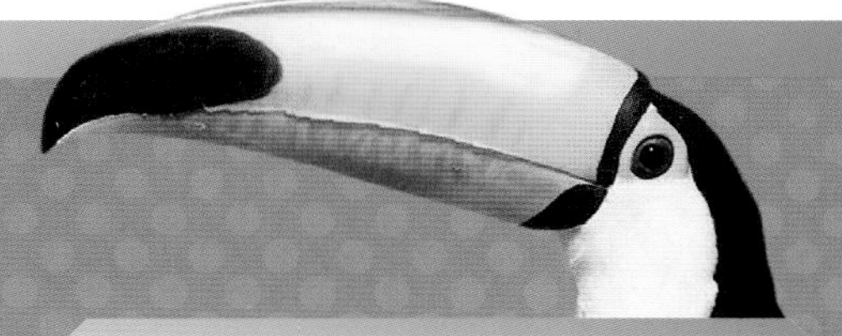

食用花蜜的鸟类

一些鸟长着长长的喙，能够伸至花芯处获取花蜜。蜂鸟每天喝的花蜜的重量比自己体重还重！

食用水果的鸟类

巨嘴鸟有巨大的、锯齿状的喙，它可以够到并抓住附近树枝上的果实。像黑鹂、画眉和椋鸟都会吃树上的苹果和浆果。

食用昆虫的鸟类

像燕子、蓝鸲、知更鸟和鹪鹩这样的小鸟都有细长且尖锐的喙，可以精确地瞄准地面或空中的小虫子。

食用绿植的鸟类

雀类喜欢吃植物的不同部位，包括树芽、树叶、树茎和树根。鸭子有宽而平的喙，这使得它很擅于将水生植物撕碎。

鸸鹋

鸸鹋，又名澳洲鸵鸟。鸸鹋是世界上身高最高的鸟类之一，和成年女性的身高差不多。因体形过于笨重，它飞不起来，只能在澳大利亚内陆四处游荡，并以小型生物、昆虫、植物和水果为食。如果跑起来，它的速度可以达到每小时50千米。

超级数据

名称： 鸸鹋
寿命： 10至20年
身高： 1.4至1.7米
体重： 18至48千克
食物： 植物、昆虫
栖息地： 干燥且开阔的地区
主要分布： 澳大利亚

王企鹅

王企鹅，又名国王企鹅。它们的家在冰冷的南极洲，王企鹅依靠它那层覆盖在厚厚的脂肪层上的紧密且防水的羽毛来保暖。虽然它不会飞，但却是名副其实的游泳高手。

世界真奇妙！

王企鹅父母会轮流把蛋放在脚背和暖和的肚子之间，为企鹅蛋保暖。

超级数据

名称：王企鹅
寿命：约26年
身高：85至95厘米
体重：最重可达20千克
食物：鱼，特别是灯笼鱼
栖息地：陆地山谷、冰冷的海岸和深水
主要分布：南极洲

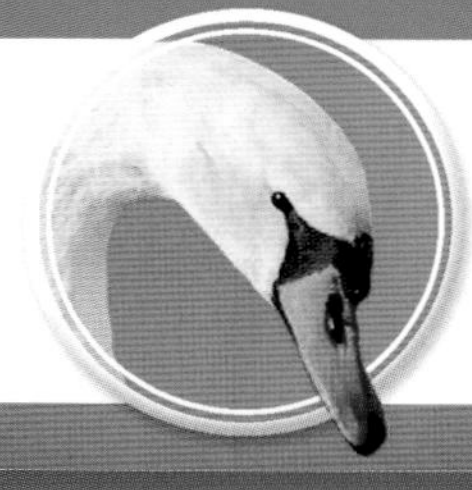

疣鼻天鹅

疣鼻天鹅，又名瘤鼻天鹅、哑音天鹅、赤嘴天鹅、瘤鹄、亮天鹅、丹鹄。疣鼻天鹅幼年时像一只灰色的、毛茸茸的小鸡，随着不断长大，灰色羽毛被白色羽毛所取代，也逐渐能在陆地上行走、在空中飞翔、在池塘和湖泊游泳。大多数动物会有不止一个伴侣，但这种鸟却会跟它唯一的伴侣共度一生。

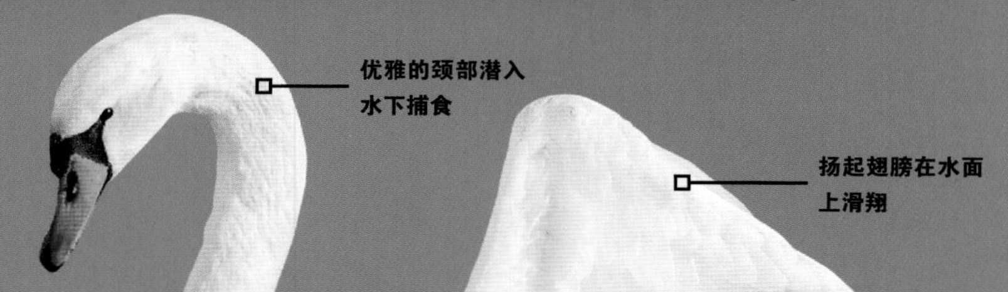

世界真奇妙！

有些疣鼻天鹅的翼展可以达到2米以上！

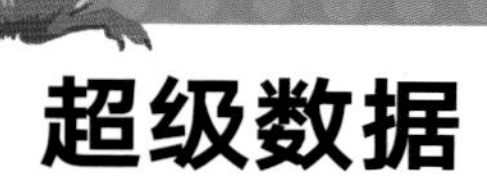

超级数据

名称：疣鼻天鹅

寿命：最长可达21年

身长：1.4至1.6米

体重：约12千克

食物：水下植物

栖息地：河流、池塘和湖泊

主要分布：欧洲和美国大西洋沿岸

毛腿雕鸮

来见见世界上最大的猫头鹰吧！毛腿雕鸮栖息在中国、日本和俄罗斯的偏远森林中，而且独来独往，很少飞行。一旦停留在河边的地面上，就说明它要准备捕鱼了。

超级数据

名称：毛腿雕鸮
寿命：20年以上
身长：60至72厘米
体重：2.9至3.6千克
食物：鱼、蜥蜴、青蛙和水鼠
栖息地：靠近河流的地区、树木繁茂的海岸线
主要分布：亚洲东北部

世界真奇妙！

毛腿雕鸮能捕到比其自身重量重两倍的鱼。

鸳鸯

鸳鸯，又名中国官鸭、乌仁哈钦、官鸭、匹鸟、邓木鸟。雄性鸳鸯因为有一身五彩缤纷的羽毛，很容易被辨认出来。这种绚丽的外表吸引了色泽较为单一的雌性鸳鸯。它们以种子和树上或水面上的虫子为食。它们也会飞，并能飞行很长一段距离。

超级数据

名称：鸳鸯
寿命：约6年
身长：41至49厘米
体重：500至625克
食物：植物、种子、坚果和昆虫
栖息地：湖泊、池塘和河流
主要分布：中国、日本、韩国和俄罗斯部分地区

雄性的色泽更为明艳

雌鸟的羽毛大多是棕色的。

世界真奇妙！

与大多数鸭子不同的是，鸳鸯会在树上筑巢，而不是在水上。

鞭笞巨嘴鸟

这种大鸟生活在南美洲的热带雨林中。它大部分时间都会待在树枝上寻找多汁的水果吃。它们的大喙不仅可以用来采摘成熟的水果，还能轻而易举地吓退捕食者。

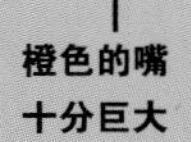

世界真奇妙！

它的大喙是很轻的，因为是空心的。

闪亮的黑色羽毛

超级数据

名称： 鞭笞巨嘴鸟

寿命： 最长可达20年

身长： 55至61厘米

体重： 500至850克

食物： 水果和小型动物

栖息地： 热带雨林

主要分布： 南美洲

普通翠鸟

普通翠鸟，又名鱼虎、鱼狗、钓鱼翁、金鸟仔、大翠鸟、蓝翡翠、秦椒嘴。这种飞速极快的翠鸟出没在河流或小溪边，就像一缕灿烂的蓝光。它栖息在树枝上，一旦发现水中有鱼的动向，它就会一个猛冲扎进水里，用嘴捕捉猎物。

亮蓝色的羽毛

短小的羽翼适于快速飞行

橙色的肚子

匕首形状的鸟喙

世界真奇妙！

日本新干线列车的设计灵感来源于翠鸟喙的形状！

超级数据

名称：普通翠鸟

寿命：7至21年

身长：约16厘米

体重：25至35克

食物：鱼和小甲壳动物，如对虾和螃蟹

栖息地：小溪、运河、池塘、小河以及湖泊的周边

主要分布：欧洲、亚洲和非洲

金雕

金雕，又名金鹫、老雕、洁白雕、鹫雕。金雕因其头顶那金黄色的部分而得名。它在空中翱翔，寻找地面上的目标，然后一个猛冲，用锋利的鹰爪抓住猎物。

世界真奇妙！

这是唯一能用爪子进行攻击的鸟。

超级数据

名称：金雕

寿命：约23年

身长：约90厘米

体重：3.7至5.3千克

食物：腐肉、小型哺乳动物、鸟类、鱼类和昆虫

栖息地：开阔的荒原、丘陵和草原

主要分布：北美洲、亚洲、北非和欧洲

白腹海雕

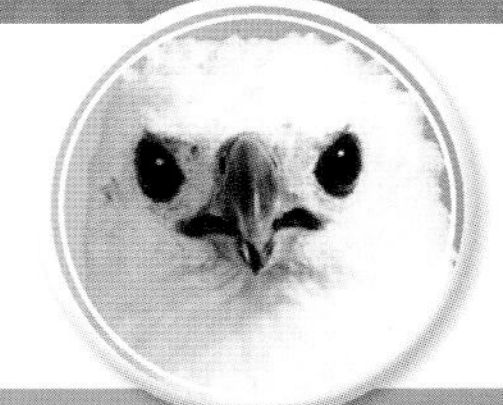

白腹海雕，又名白腹雕、白尾雕，它为捕鱼而生，爪子下面有摩擦力极强的皮肤，这让它可以抓住光滑的猎物。它在东南亚和大洋洲的河流、湖泊和海洋附近生活和狩猎。

超级数据

名称：白腹海雕

寿命：约30年

身长：70至90厘米

体重：2.1至3.4千克

食物：鱼、海龟、海蛇，偶尔还有鸟类和哺乳动物

栖息地：沿海水域、岛屿、河流和湖泊

主要分布：澳大利亚、新几内亚、东南亚和太平洋西南部

大大的钩状的喙

亮白色的肚子

世界真奇妙！

与大多数鸟类不同，白腹海雕每年都会重复使用它的巢穴。

长且可怕的利爪

雨燕

雨燕是水平飞行速度最快的鸟类之一，每年从欧洲迁徙近10,000千米到非洲。这意味着它一年有10个月都花在了飞行上！

巅峰对决！

不仅仅是鸟类掌握了快速飞行的技巧——蝙蝠也是天空中的高速捕食者。在这场鸟与蝙蝠之间的速度对决中，谁会胜出呢？

墨西哥游离尾蝠

蝙蝠是唯一会飞的哺乳动物。而速度最快的蝙蝠无疑是墨西哥游离尾蝠。它那几乎无阻力的身形、短短的绒毛和长长的翅膀能让它达到破纪录的速度。

墨西哥游离尾蝠：快如闪电

谁会胜出？

雨燕有记录的最快飞速是112千米/小时。然而，墨西哥游离尾蝠的飞速可以达到令人惊讶的160千米/小时！这意味着哺乳动物赢得了这场比赛。

笑翠鸟

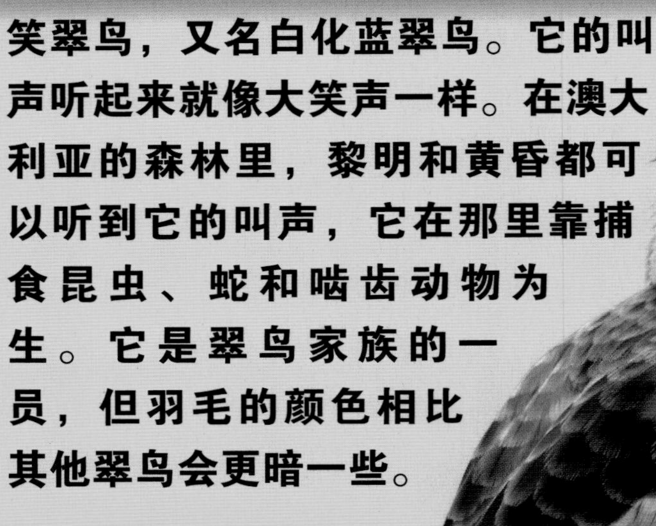

笑翠鸟，又名白化蓝翠鸟。它的叫声听起来就像大笑声一样。在澳大利亚的森林里，黎明和黄昏都可以听到它的叫声，它在那里靠捕食昆虫、蛇和啮齿动物为生。它是翠鸟家族的一员，但羽毛的颜色相比其他翠鸟会更暗一些。

长而强健的喙

眼睛上长有深色的条纹

短小精干的身体

世界真奇妙！

这种鸟也被称为丛林居民的闹钟，因为它的声音会吵醒人们！

超级数据

名称：笑翠鸟

寿命：最长可达20年

身长：约40厘米

体重：325至350克

食物：昆虫、蛇和小鸟

栖息地：桉树林

主要分布：澳大利亚东部和西南部

丽色军舰鸟

丽色军舰鸟，又名华丽军舰鸟。雄性军舰鸟有一种独特的吸引配偶的方式，它会一边叫一边吹起喉咙上的喉囊，就像一个红色的大气球一样。这种鸟以吃小鱼为生，由于羽毛不防水，它就只能用喙蘸水，这样既能抓鱼又可以不被海水弄湿身体。

钩喙

膨胀的喉囊

轻盈的身体很擅于飞行

超级数据

名称：丽色军舰鸟

寿命：15至20年

身长：约100厘米

体重：1.1至1.7千克

食物：鱼类

栖息地：沿海红树林沼泽

主要分布：大西洋、太平洋以及近海水域

世界真奇妙！

军舰鸟经常从正在飞行中的其他鸟类那里偷鱼吃！

剪尾王霸鹟

这种鸟得名于其不寻常的尾巴，它的尾巴看起来就像一把打开的剪刀一样。剪尾王霸鹟在高速飞行追逐飞虫时能利用灵活的尾巴改变方向。每年，剪尾王霸鹟都会从美国迁徙到中美洲去寻找更温暖的生存环境。

长尾巧织雀

这种非洲鸟因为引人瞩目的尾羽而得名。雄性会用它的长尾巴来吸引雌性。长尾巧织雀有着可爱婉转的嗓音，以草地上的种子和昆虫为食。

超级数据

名称：剪尾王霸鹟

寿命：10至15年

身长：19至38厘米

体重：约40克

食物：昆虫，如蚱蜢、甲虫和蜜蜂

栖息地：热带和亚热带草原

主要分布：北美和美洲中部

世界真奇妙！

一对对雌雄剪尾王霸鹟在天空中扭动、旋转、翻滚，翩翩起舞。

燕尾

超级数据

名称：长尾巧织雀

寿命：不详

身长：约60厘米

体重：不详

食物：主要是草籽，偶尔会吃些昆虫

栖息地：草原

主要分布：中非和南非

世界真奇妙！

长尾巧织雀的尾羽长度是它身长的两倍。

黑色的羽毛

超级长的尾部

大蓝鹭

来跟北美最大的苍鹭打个招呼吧。大蓝鹭沿着河流、沼泽和海岸线寻找到猎物。它利用灵活的脖子和锋利的喙来攻击水下的鱼。这种苍鹭也是优秀的“飞行员”，它可以一个俯冲冲到地面捕捉啮齿动物和昆虫。

轻盈的身体

用来捕鱼的巨喙

超级数据

名称：大蓝鹭
寿命：约15年
身长：97至137厘米
体重：2.1至3.3千克
食物：鱼、青蛙、小型哺乳动物、鸟类和昆虫
栖息地：沼泽和干燥的土地
主要分布：北美洲

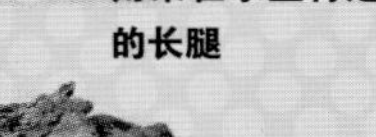

世界真奇妙！

当大蓝鹭在空中飞行时，它伸展的羽毛看起来是蓝色的。

鲸头鹳

这种高大的非洲鸟在沼泽等湿地是可怕的猎手。它可以像雕像一样一动不动地站着，直到在水中发现游动的肺鱼、鳗鱼、青蛙或蛇，这时就进入到鲸头鹳的捕猎时间了！它会张开嘴潜入水中，把猎物吞进张大的嘴里。

超级数据

名称：鲸头鹳
寿命：约35年
身长：约1.2米
体重：5.5至6.5千克
食物：鱼、青蛙、蛇
栖息地：湿地
主要分布：中非东部

世界真奇妙！

鲸头鹳也被称为鞋子嘴，因为它巨大的喙看起来就像鞋子。

纺织宗师

织布鸟能够创造出自然界中最为复杂的结构。在非洲，雄织布鸟用树枝、树叶、根茎和草编织鸟巢，然后将其挂在树上。这些鸟巢会吸引路过的雌性织布鸟。当雌性产卵时，雄性织布鸟会保护雌性在巢中不受捕食者的伤害。

蓝山雀

蓝山雀，又名蓝冠山雀、青山雀。这种小鸟很容易被发现，它有明亮的蓝色翅膀和黄色的腹部。它生活在欧洲的林地和森林里，也是公园和花园的常客，因为那里有大量的昆虫和种子。蓝山雀很友好，喜欢交际，经常成群结队地飞行。

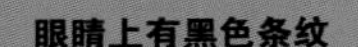

眼睛上有黑色条纹

亮蓝色的羽毛

轻盈小巧的体形善于飞行

世界真奇妙！

蓝山雀是小巧的体操运动员，它可以倒挂在树上捕食。

超级数据

名称：蓝山雀
寿命：约3年
身长：12厘米
体重：11克
食物：昆虫和蜘蛛
栖息地：林地、灌木篱墙、公园和花园
主要分布：欧洲、非洲北部和亚洲西部

蓝喉宝石蜂鸟

这种小鸟总是忙个不停，小翅膀扇动得非常快，生活在美国和墨西哥的山脉附近。它吸食花蜜，有时一天就要光顾2,000朵花！

世界真奇妙！

蜂鸟消耗能量的速度非常快。为了生存，它必须每天食用与自己体重相当的花蜜。

超级数据

名称：蓝喉宝石蜂鸟
寿命：最长可达12年
身长：约13厘米
体重：6至9克
食物：主要是花蜜，偶尔也会打小昆虫和蜘蛛的主意
栖息地：峡谷
主要分布：美国西南部和墨西哥

渡鸦

渡鸦，又名渡鸟、胖头鸟。这种巨大的黑鸟是最大的乌鸦之一。渡鸦以捕食老鼠为生，也以昆虫、种子甚至粪便为食。雄性渡鸦会用表演杂技的方式来吸引雌性渡鸦，然后它们会一起筑起宽敞的巢穴。

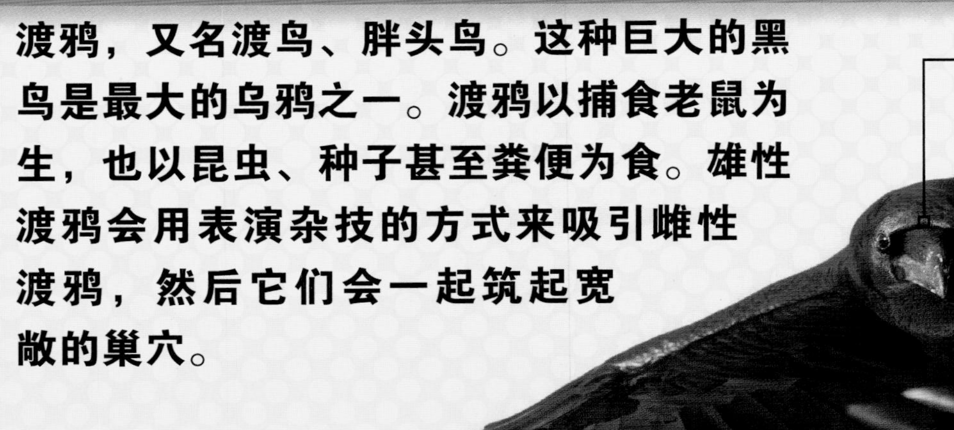

又大又厚的嘴

五彩金刚鹦鹉

五彩金刚鹦鹉，又名绯红金刚鹦鹉、红黄金刚鹦鹉。五彩金刚鹦鹉是世界上最大的鹦鹉，生活在南美洲的热带雨林中，名字的灵感来自其鲜艳的红色羽毛。这些引人注目、精力充沛的鹦鹉用它们巨大的喙摘取水果，掰开坚果和种子。

世界真奇妙！

世界上最长寿的五彩金刚鹦鹉名叫查理，去世时114岁。

世界真奇妙！

一些渡鸦会在世界最高峰珠穆朗玛峰上搭建自己的巢穴。

超级数据

名称：渡鸦　寿命：约13年

身长：约66厘米　体重：1至1.5千克

食物：腐肉、小型甲壳动物、啮齿类动物、水果、谷物、鸡蛋和垃圾

栖息地：北方森林和山林、海岸悬崖、苔原和沙漠

主要分布：北半球

超级数据

名称：五彩金刚鹦鹉　寿命：约65年

身长：84至89厘米　体重：0.9至1.5千克

食物：水果、坚果和种子

栖息地：潮湿的森林、林地，偶尔有红树林和松林

主要分布：南美洲中部和北部

像大多数猛禽一样，鹰的视力非常敏锐。它可以看得很远，并把瞳孔聚焦在一个物体的细微之处上，这令人感到不可思议。它能够看到的颜色也比人类要多。

鹰：最强的视力

巅峰对决！

在动物王国里，传奇般的视力使一切都变得不一样了。它可以助力捕捉猎物，或是躲避捕食者，又或是看得更远。但这两种眼力出众的生物之中，哪一种动物的视力更好呢？

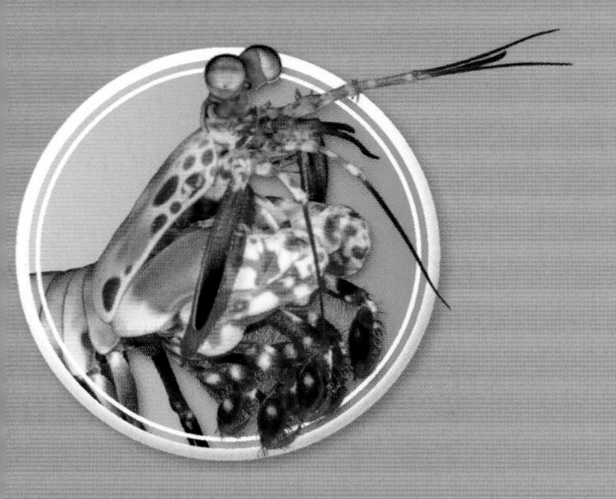

皮皮虾

这种小虾有异常多的色彩感受器——这是眼睛中能让我们看到颜色的东西。皮皮虾能看到其他动物看不见的颜色。科学家认为，皮皮虾能看到不同光线反射在同类的身体上，达到传递信息的目的。

谁会胜出？

这些动物的视力都令人印象深刻。鹰可以看得更远，而皮皮虾则可以看到其他动物看不到的颜色，谁是胜利者？

你来定！

蓝孔雀

蓝孔雀，又名印度孔雀。雄性会进行绚丽的表演来吸引雌性。如果有雌性靠近，雄性就会竖起闪亮的蓝绿相间的尾巴，并把它伸展开来，形成一个神奇的“扇子”。而雌性蓝孔雀看起来则很不一样，它们的羽毛色泽更深，颜色更暗一些。

世界真奇妙！

一只孔雀的尾巴上有200根羽毛。

超级数据

名称：蓝孔雀　寿命：15至20年

身长：180至250厘米　体重：3.8至6千克

食物：谷物、昆虫、小型爬行动物和哺乳动物、浆果、无花果、树叶、种子和花瓣

栖息地：灌木丛、竹丛的开阔地带

主要分布：东南亚

白头海雕

白头海雕，又名白头鹰、秃头雕、秃头鹰、美洲雕、秃鹰。从惊人的视力到锋利的爪子，这种强大的掠食者已经完全具备了在空中狩猎的条件。秃鹰以捕食鱼类、啮齿动物，甚至小鹿为生。它甚至敢从其他鸟类的爪子里夺取猎物！

世界真奇妙！

这种鹰筑的巢穴是最大的鸟巢之一，最重的巢穴可达两吨！

超级数据

名称：白头海雕

寿命：最长可达28年

身长：约82厘米

体重：2.9至6.3千克

食物：主要以腐肉和鱼类为食，偶尔会打鱼鹰的食物的主意

栖息地：森林水源附近

主要分布：北美洲

非洲鸵鸟

非洲鸵鸟，又名鸵鸟。鸵鸟的体形十分庞大，比成年人还要高。它也是世界上最大的鸟类。虽然过于笨重飞不起来，但它跑得却比其他任何鸟都要快。鸵鸟会在非洲丛林中飞速奔跑，甚至睡觉都是站着的，以便在发现危险的第一时间逃之夭夭。

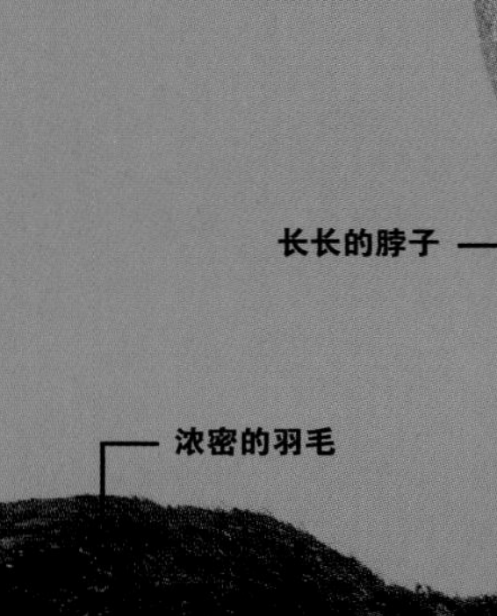

世界真奇妙！

鸵鸟的速度可以达到75千米/小时，可以超过一匹赛马！

超级数据

名称：非洲鸵鸟
寿命：30至40年
身高：2.1至2.7米
体重：100至158千克
食物：植物和昆虫
栖息地：草原和沙漠
主要分布：非洲

双垂鹤鸵

双垂鹤鸵，又名南鹤鸵、双垂食火鸡。双垂鹤鸵除了非常高以外，其亮蓝色的头部也格外亮眼，头顶还有一个角。不过，它不能飞行，只能在澳大利亚和新几内亚的热带森林中逗留，寻找掉落的水果吃。如果捕食者胆敢靠近，双垂鹤鸵就会用它超大的爪子进行反击。

头部长着的犄角

长长的腿

长而锋利的爪子

世界真奇妙！

双垂鹤鸵的犄角由角蛋白构成，与人类的头发和指甲是相同的物质。

超级数据

名称：双垂鹤鸵

寿命：最长可达40年

身高：1.5至1.8米

体重：3至5.8千克

食物：水果、蜗牛以及菌类

栖息地：热带雨林

主要分布：澳大利亚昆士兰北部

红鸢

红鸢，又名赤鸢。红鸢是非常优秀的飞行者，它在欧洲和北非的天空中翱翔，寻找地面上动物的尸体。它主要以公路上被撞死的动物和其他动物吃剩的猎物为食，也会捕食幼鸟和小型啮齿动物。

世界真奇妙！

红鸢经常在乌鸦的空巢里安家，而不是自己建窝。

超级数据

名称： 红鸢

寿命： 最长可达20年

身长： 60至65厘米

体重： 0.95至1.2千克

食物： 大部分是死去的动物，还有一些鸟类和小型哺乳动物

栖息地： 开阔林地和农田

主要分布： 欧洲和非洲西北部

肉垂秃鹫

这种非洲鸟利用其巨大的体形和力量来捕捉猎物。在肉垂秃鹫享受美食的时候，其他的秃鹫会远离。肉垂秃鹫也会捕猎小型动物和昆虫，当小白蚁离开巢穴时，肉垂秃鹫同样会去捕食它们。

超级数据

名称：肉垂秃鹫
寿命：20至50年
身长：最长可达105厘米
体重：14千克
食物：死去的动物、小型爬行动物、鱼类、鸟类和哺乳动物
栖息地：开放区域和半沙漠化地区
主要分布：撒哈拉以南非洲、沙特阿拉伯、也门和阿曼

世界真奇妙！

秃鹫是一种讲卫生的鸟类，它在享用猎物后会用水洗去身上的血污。

鸟和恐龙

与恐龙最近的亲戚就是鸟类！我们的羽翼朋友的祖先大约在2亿年前统治着地球。这两种动物之间有很多的相似之处……

空心骨

有些会飞的恐龙骨头是空心的。如今的鸟类骨骼也是空心的，它们的骨架比羽毛还要轻。

恐龙有3根手指，就像鸟类的3个脚趾一样

鸽子的骨架

尾综骨

爪足

许多恐龙都有类似鸟类的爪足，它们也会用它来抓猎物。

骨尾

恐龙有一条小小的、骨头很多的尾巴，就像鸟的尾巴。

羽毛

有些恐龙身上会覆盖着羽毛。而鸟类是现今唯一有羽毛的生物。

早期鸟类

始祖鸟，意为“远古时期的鸟类”。这是恐龙时代类似鸟类生物的最好例子。它不仅有恐龙的头、牙齿、爪子和尾巴，还拥有厚羽毛和大翅膀，这让它能够飞行一小段距离。

恐龙的臂骨逐渐进化成了鸟的翅膀。

鸟类动物的行为

恐龙和鸟类之间的联系不仅仅在于它们的长相。从行为上来说，它们都会筑巢产卵。孵化出的幼崽会由父母来照顾。

恐龙的后裔

麝雉

这种南美洲的小鸟每只翅膀上都长有爪子。有些恐龙也有这个特征。

鸡

这种世界上最常见的鸟类动物与恐龙有很多共同点。它们有着相似的爪足、带有保护性的羽毛、无牙的喙以及很少用于飞行的翅膀。

乌鸦

在世界大部分地区都能发现乌鸦，它是纯黑色的鸟类，有着十分聪慧的大脑。它在自然界中使用工具和相互交流的能力会让人感到十分惊讶，这让它成了世界上最聪明的鸟类之一。

超级数据

名称：乌鸦
寿命：约13年
身长：0.5米
体重：540至600克
食物：浆果、昆虫、其他鸟类的蛋、腐肉
栖息地：附近有树木、农田和草地的开阔地带
主要分布：除了南美洲的南部地区之外，世界各地均能看到它的身影

世界真奇妙！

研究表明，乌鸦能识别并记住人类的面孔。

紫翅椋鸟

这种鸟从远处看似乎是黑色的，但如果你仔细看，就会发现它的羽毛是不同颜色的。紫翅椋鸟是群居动物，白天结伴飞行，到了晚上会相拥入眠。

世界真奇妙！

咕咕的低语是成百上千椋鸟在夜晚中俯冲和翱翔时发出的声音。

超级数据

名称：紫翅椋鸟

寿命：1至5年

身长：约21厘米

体重：60至96克

食物：昆虫、蚯蚓、种子和水果

栖息地：公园、花园和农田

主要分布：除了极地地区之外，世界各地均能看到它的身影

澳洲裸鼻鸱

这种小鸟生活在澳大利亚和周围的岛屿上，它通常和伴侣一起安家。白天，为了不被发现，它会躲在树洞里。等到了晚上，它会飞过林地，在空中或地面上捕捉昆虫。

世界真奇妙！

澳洲裸鼻鸱以抓蛇而一战成名。

超级数据

名称：澳洲裸鼻鸱

寿命：不详

身长：21至25厘米

体重：45克

食物：甲虫、毛毛虫、蜘蛛和千足虫

栖息地：开阔的林地，小桉树和其他灌木，以及靠近水源的树木

主要分布：澳大利亚

茶色蛙嘴夜鹰

这种鸟因宽宽的、像青蛙一样的喙而得名，大大的嘴巴张开来捕捉昆虫。茶色蛙嘴夜鹰在夜间捕猎，它会把自己伪装在树上，然后猛地扑向青蛙、鸟类、蜗牛和蛞蝓。

超级数据

名称：茶色蛙嘴夜鹰

寿命：最长可达10年

身长：34至53厘米

体重：最重可达680克

食物：主要是昆虫，偶尔有蜗牛、青蛙、蜥蜴和小鸟

栖息地：原始森林和树林

主要分布：澳大利亚、塔斯马尼亚岛和新几内亚岛

世界真奇妙！

茶色蛙嘴夜鹰有时会被误认为是一根枯枝。

维多利亚凤冠鸠

这种色彩鲜艳的鸟是最大的鸽子类动物之一。维多利亚凤冠鸠只有在躲避危险时才会飞行。它一般会在森林的地面上寻找水果、种子、谷物、昆虫和蠕虫作为食物。这种鸟是群居动物，经常成群觅食。

钩状的喙

红色的眼睛

戏剧性的头冠。

超级数据

名称：维多利亚凤冠鸠

寿命：20至25年

身长：66至74厘米

体重：约2.5千克

食物：水果、种子和昆虫

栖息地：沼泽、棕榈林和干燥的森林

主要分布：印度尼西亚和巴布亚新几内亚

世界真奇妙！

这种鸟是以英国女王维多利亚的名字命名的。

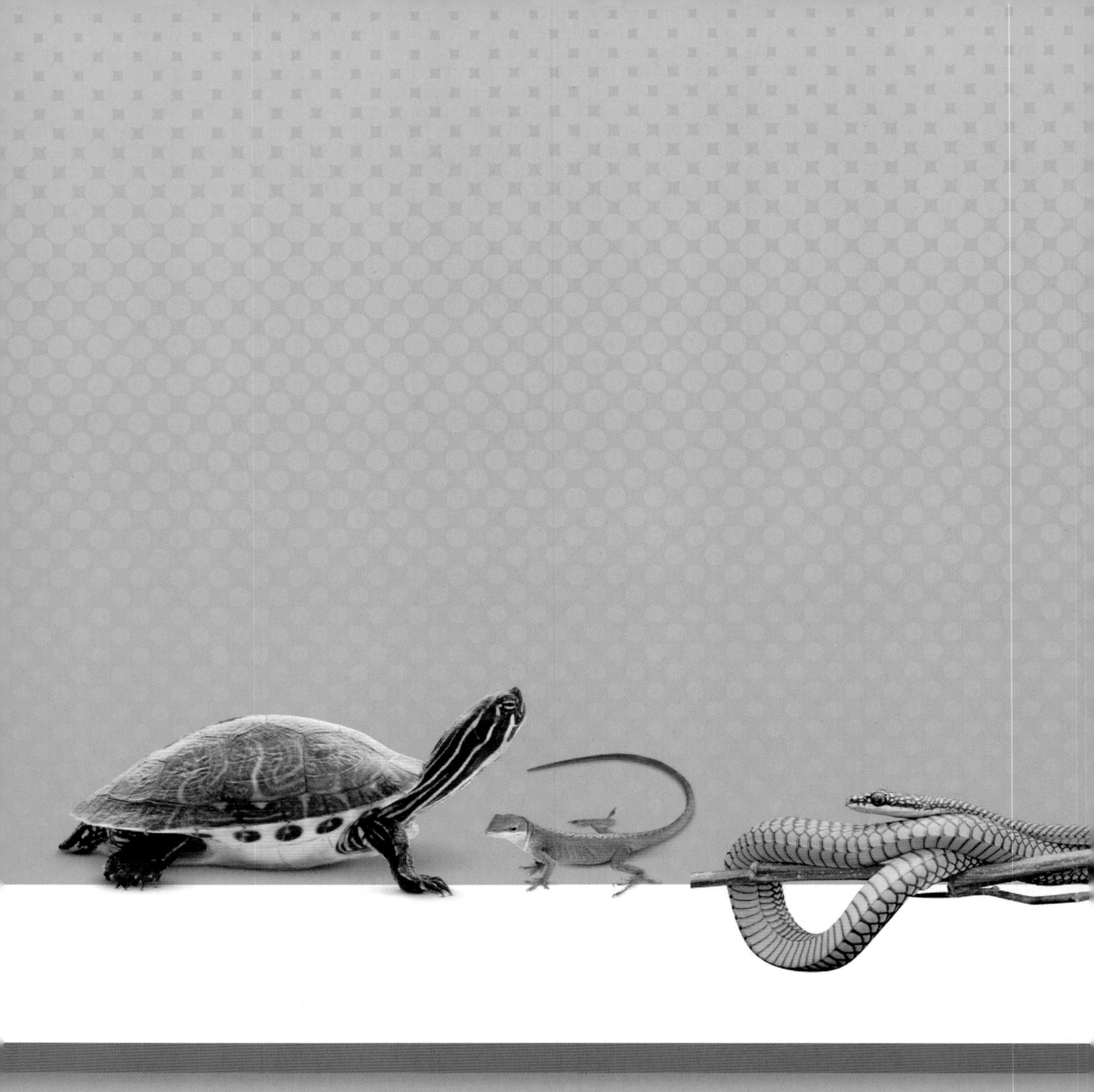

爬行动物

爬行动物曾以恐龙的形式统治着地球——它们的一些后代至今仍然存在。在这一章中，你会遇到这些动物，以及世界上一些最具有毒性的生物。冷血爬行动物，包括一些致命的捕食者，如科莫多巨蜥；温和的食草动物，如绿海龟；还有一些动物，如飞行壁虎，它们都进化出了非凡的生存方式。

什么是爬行动物？

爬行动物是一群冷血动物，其中包括蜥蜴、蛇、鳄鱼、乌龟等。恐龙也算是爬行动物。像哺乳动物一样，爬行动物也是脊椎动物，会用肺呼吸。

爬行动物的宝宝是什么样子的？

大多数爬行动物在陆地上产卵。经过几天、几周或几个月后，它们的宝宝就会孵化出来。爬行动物的幼崽看起来就像缩小版的成年动物，此外，大多数的爬行动物都是不会照顾幼崽的。

有些爬行动物会将幼崽直接生下来，比如蟒蛇类以及一些蜥蜴类。

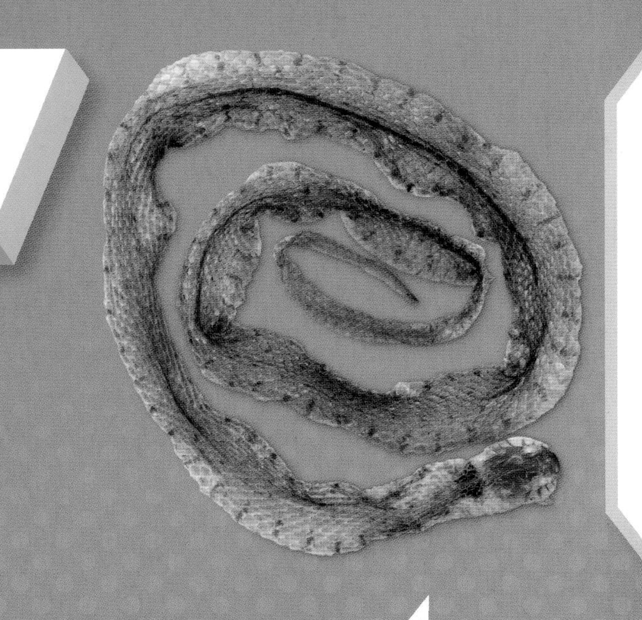

爬行动物身上都黏糊糊的吗？

爬行动物的皮肤干硬，被鳞或骨板所覆盖（或二者皆有）。蜥蜴蜕皮时，身上的鳞片会一片片地剥落，而蛇皮则会完全剥落。这样，它们就可以不被皮肤所束缚，或者能将磨损的鳞片替换下来。

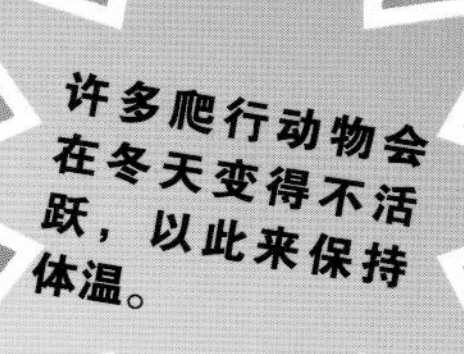

爬行动物是如何保暖的？

与哺乳动物不同的是，爬行动物没有毛来为自己保暖，也没有汗腺来让自己保持凉快。它们的温度与周围环境相同。如果它们觉得冷，就会找一个阳光充足的地方取暖。

爬行动物吃什么？

大多数爬行动物捕食其他动物，如昆虫、青蛙、鸟类、哺乳动物和鱼类。但陆龟是食草动物，它们以树叶和青草为食。

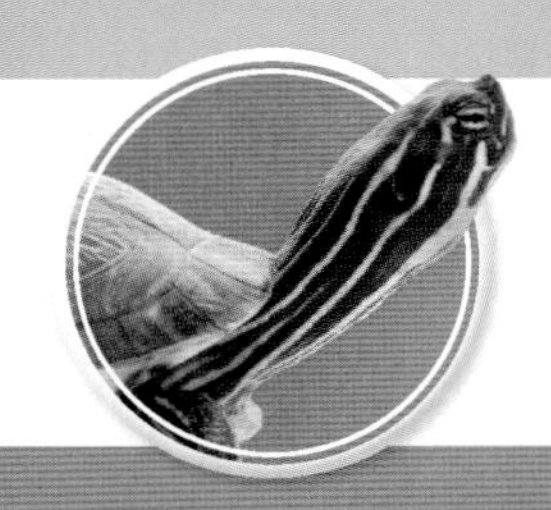

黄肚红耳龟

黄肚红耳龟，又名黄腹彩龟、彩龟、黄耳龟。这种海龟喜欢生活在沼泽地区、缓慢流动的河流、池塘或湿地中。它因黄色的胸甲得名，脖子、腿和甲壳也经常长有黄色的条纹。

世界真奇妙！

如果阳光充足的地方空间有限，黄肚红耳龟们就会堆叠在一起以获得最佳的位置。

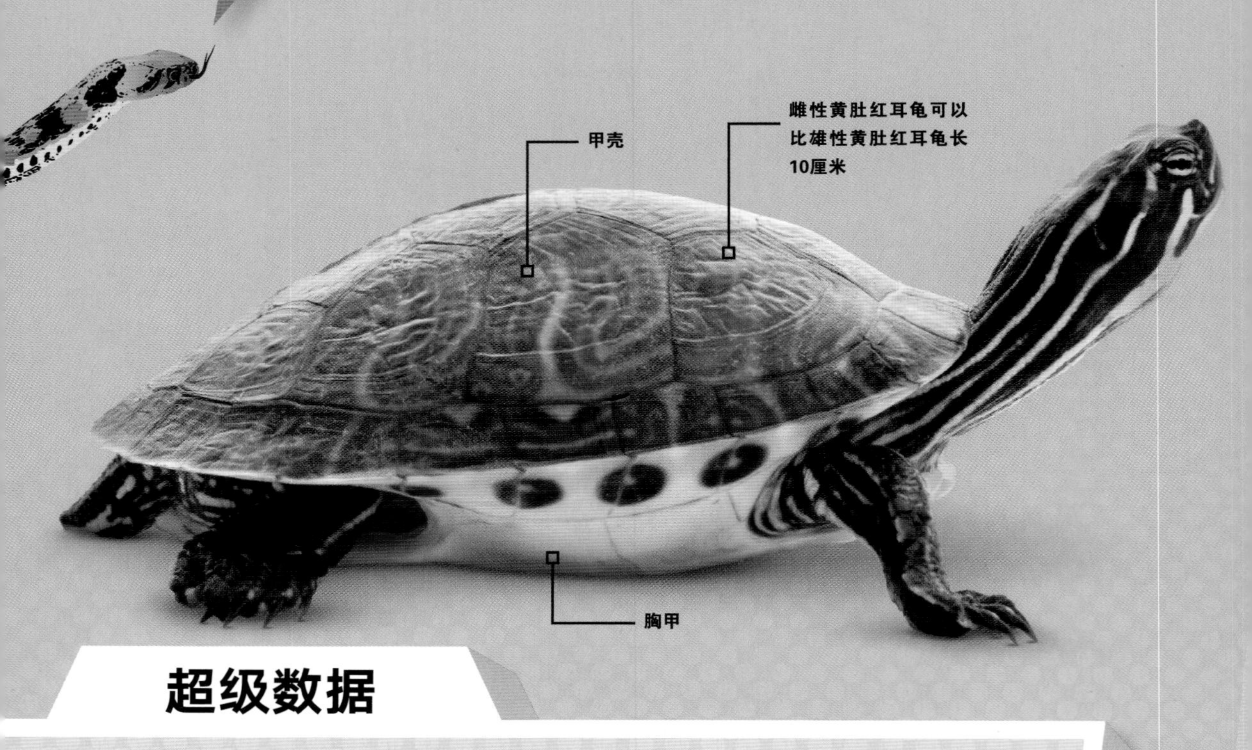

超级数据

名称： 黄肚红耳龟

寿命： 30年或更久

身长： 12.5至20.3厘米

体重： 约7至14克

食物： 昆虫、鱼和蝌蚪

栖息地： 湖泊、沼泽、河流和池塘

主要分布： 美国南部部分州和中美洲部分地区

安乐蜥

像许多爬行动物一样，安乐蜥喜欢整日晒太阳。到了晚上，这些蜥蜴就会跑去树上和灌木丛里睡觉。雌性安乐蜥会在落叶层和潮湿的植物残骸中产卵。

世界真奇妙！

安乐蜥有时会被误认为变色龙，因为它在阴影中时，可以从明亮的绿色变成棕色。

又长又细的尾巴

雄性安乐蜥和雌性安乐蜥都长有巨大且可扩张的喉扇

安乐蜥脚趾上的巨大脚垫有助于它在垂直的表面上保持平衡，比如在树干上面

超级数据

名称：安乐蜥

寿命：最长可达7年

身长：13至20厘米

体重：3至7克

食物：小昆虫，如蟋蟀、蚱蜢、苍蝇和蝴蝶

栖息地：树林

主要分布：美国南部地区

蓝灰扁尾海蛇

这是一种海蛇，看起来与陆地蛇略有所不同。它长着又扁又平的桨状的尾巴，这有助于它在水里游泳。它也是世界上最具毒性的蛇类之一。

绿鬣蜥

绿鬣蜥，又名美洲鬣蜥、美洲绿鬣蜥。这种大蜥蜴看起来十分凶猛，但它的主要食物却是植物。长长的爪子让它擅长爬树，绿色与灰色相间的身体是最好的伪装。并不是所有的绿鬣蜥都是绿色的——也有一些是橙色的！

难以置信的事实！

蓝灰扁尾海蛇有一个超大的肺，这让它能在水下呼吸，也能帮助它在水上漂浮。

超级数据

名称：蓝灰扁尾海蛇

寿命：人工饲养的品种寿命约为10年

身长：最长可达128厘米

体重：600至1,800克

食物：鳗鱼和小鱼

栖息地：珊瑚礁和由岩石组成的海岸

主要分布：东印度洋和西太平洋

斑纹警告掠食者离它远点

短小的尖牙

世界真奇妙！

一些绿鬣蜥可以重达10千克，这是大多数宠物猫体重的两倍！

超级数据

名称：绿鬣蜥

寿命：约20年

体重：5千克

身长：1.5至2米

食物：无花果树的叶子、芽、花和果实

栖息地：热带雨林里的河流附近

主要分布：美洲中南部

长长的腿

长长的鞭状尾巴可以用来对付捕食者

飞蹼守宫

这种生活在树上的蜥蜴有一种独特的方法来躲避捕食者——它能轻而易举地从一棵树上跳跃滑翔到另一棵树上。这不是真正意义上的"飞行"，但确实有效！

世界真奇妙！

这种蜥蜴常头朝下躺在树上，时刻准备"逃之夭夭"。

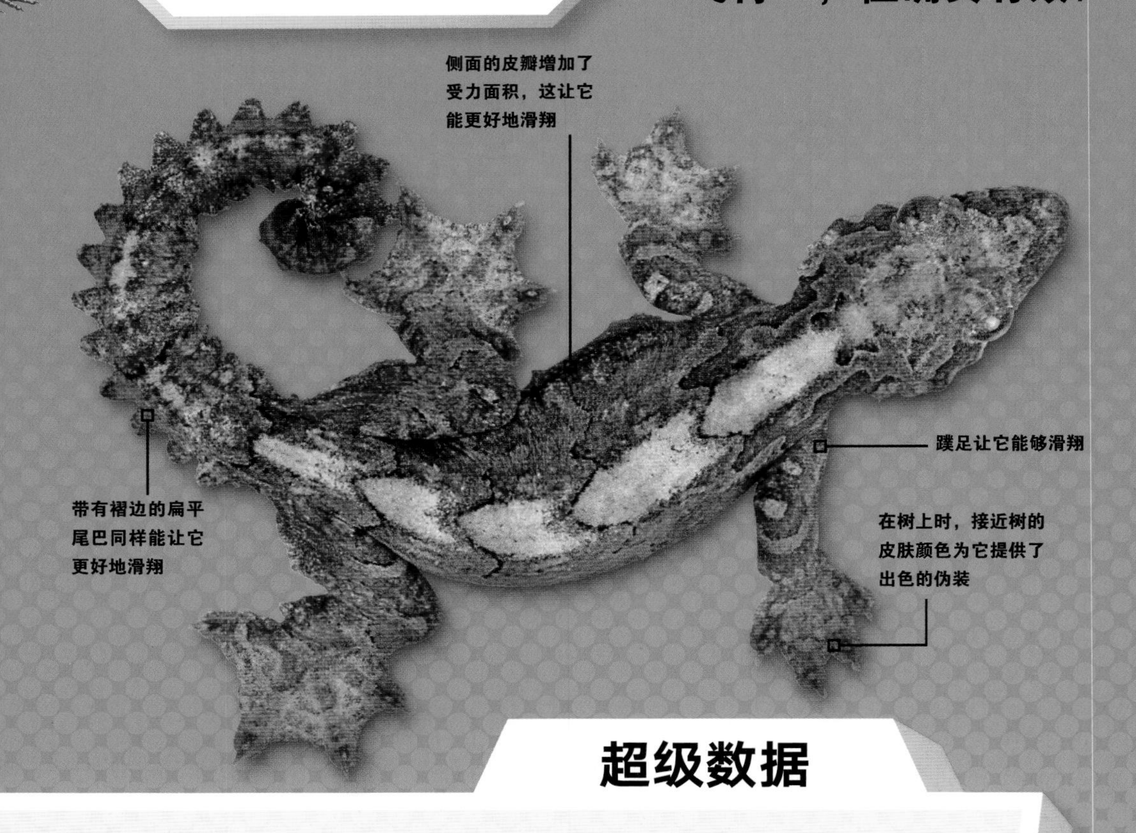

超级数据

名称：飞蹼守宫

寿命：人工养殖的飞蹼守宫的寿命最长可达8年，而野生的飞蹼守宫的寿命不详

身长：20厘米　体重：不详

食物：臭虫、蟋蟀、蟑螂和粉虱

栖息地：热带雨林

主要分布：东南亚地区

南非犰狳蜥

南非犰狳蜥，又名犰狳蜥、犰狳刺尾蜥。它受到威胁时就会蜷缩起来，用嘴咬住尾巴，让头部、背部和尾巴上那又厚又尖的鳞片形成一个保护盾。

超级数据

名称：南非犰狳蜥

寿命：人工饲养的品种寿命最长可达20年，野生品种的寿命不详

身长：最长可达16厘米

体重：3至8千克

食物：昆虫和蜘蛛

栖息地：山脉和岩石丘陵

主要分布：南非地区

世界真奇妙！

南非犰狳蜥是为数不多的会喂养幼体的蜥蜴。

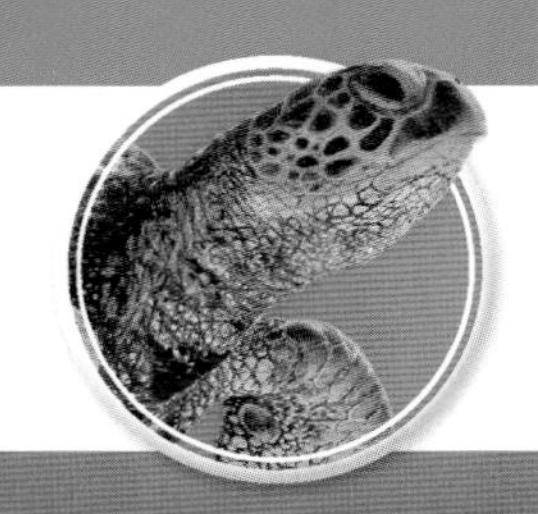

绿海龟

绿海龟又被称作海龟、黑龟、石龟等。它一生大多数时间都生活在温暖的海洋中。到了下蛋的时候，雌性绿海龟会在沙滩上挖一个巢并将蛋放在巢中；小海龟破壳而出后会从巢中钻出奔向大海。

世界真奇妙！

雌性海龟每年都会回到同一个地方产卵，它们中许多甚至会回到自己出生的海滩产卵。

超级数据

名称：绿海龟
寿命：70年及以上
身长：1.5米
体重：约317.5千克
食物：海草和藻类
栖息地：海洋
主要分布：大西洋亚热带和温带地区、太平洋、印度洋、地中海

双冠蜥

双冠蜥又被称作怪蛇，它凭借三只令人印象深刻的羽冠、一条长长的尾巴和亮绿色的皮肤从种群中脱颖而出。双冠蜥背部和尾部的羽冠可以帮助它在水中活动；至于头部的羽冠，科学家们认为那是用来吸引伙伴或求偶的。

超级数据

名称：双冠蜥
寿命：10年
身长：60至90厘米
体重：约198.5克
食物：昆虫、小鱼、花和水果
栖息地：洪泛森林
主要分布：美洲中部和南部

世界真奇妙！

双冠蜥有一个特别的逃生技巧：它能用后腿在水面上奔跑，以躲开捕食者。

盲缺肢蜥

盲缺肢蜥又被称作盲蛇蜥或慢缺肢蜥，虽然名字里面带“蛇”字，这种没有腿的蜥蜴也容易被误认成蛇，但它并不属于蛇类。有一个很简单的方法区分盲缺肢蜥和蛇类：如果这个像“蛇”的生物眨眼了，那它就是盲缺肢蜥。蛇没有眼皮，所以不会眨眼！

盲缺肢蜥的身体可长到50厘米长，不但光滑而且还长着鳞片

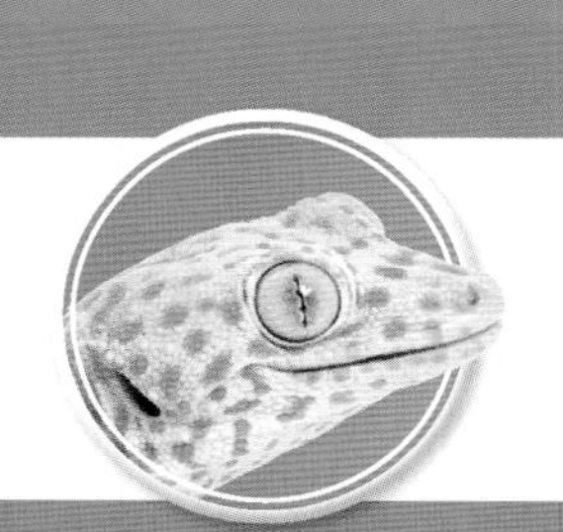

大壁虎

大壁虎又名蛤蚧、仙蟾、多格、哈蟹、蛤蚧蛇、大守宫，这种大蜥蜴因雄性求偶时发出“多格”的叫声而得名。因为大壁虎的手指和脚趾末端长着有黏性的垫子，所以它几乎可以将自身固定在任何物体的表面上。

大壁虎的眼睛上没长眼皮，所以只能通过舔舐的方法来保持眼睛的清洁与湿润

从中间的条纹可以看出这是一只雌性盲缺肢蜥

超级数据

名称：盲缺肢蜥

寿命：人工养殖条件下可达20年

身长：40至50厘米　体重：20至100克

食物：软体无脊椎动物，例如蚯蚓、昆虫的幼虫、蜘蛛和一些脊椎动物

栖息地：长有灌木或冬青的潮湿的草地

主要分布：欧洲大陆和英国

世界真奇妙！

盲缺肢蜥能断掉自己的尾巴末端以摆脱捕食者，这段尾巴之后还能长出来！

超级数据

名称：大壁虎

寿命：人工养殖条件下约10年

身长：20至35厘米　体重：不详

食物：无脊椎动物，例如飞蛾、蝗虫、蚱蜢等，以及老鼠、蛇

栖息地：雨林、人造环境

主要分布：东南亚

世界真奇妙！

大壁虎每次可以产下两枚柔软、有黏性的蛋，蛋会留在原地并随着时间逐渐变硬。

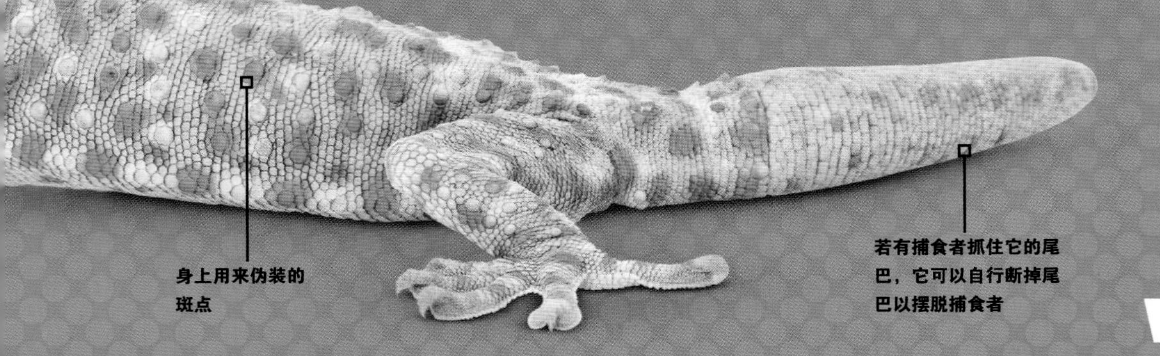

身上用来伪装的斑点

若有捕食者抓住它的尾巴，它可以自行断掉尾巴以摆脱捕食者

眼镜凯门鳄

眼镜凯门鳄又名眼镜鳄、中美宽吻鳄、凯门鳄、南美短吻鳄。它通常生活在如湖泊、河流这样的淡水水域中，几乎离不开水源，如遇干旱，它则会钻到泥浆中去。

宽宽的嘴巴

橄榄绿色的鳞片

巨大的下颚可以轻松吃下和猪一样大的哺乳动物

世界真奇妙！

眼镜凯门鳄吸引配偶的一个方法是吹泡泡！短吻鳄和鳄鱼也会这种技能。

超级数据

名称：眼镜凯门鳄
寿命：30至40年
身长：2.4米
体重：7至58千克
食物：鱼、青蛙、乌龟、螃蟹、蜗牛
栖息地：沼泽和河流
主要分布：美洲中部和南部，从墨西哥到乌拉圭

眼镜王蛇

眼镜王蛇又被称作山万蛇、过山风、大扁颈蛇、大眼镜蛇等，是世界上最长的毒蛇。眼镜王蛇在遇到捕食者时，会将自己前三分之一的身体直立起来，达到1.5米的高度，并张开头部两侧的皮肤，发出“嘶嘶”的叫声来吓退捕食者。

超级数据

名称：眼镜王蛇
寿命：20年
身长：约4米
体重：9.1千克
食物：其他蛇
栖息地：热带森林
主要分布：南亚、东南亚

世界真奇妙！

眼镜王蛇是食肉动物，它很喜欢吃其他种类的蛇，甚至是别的眼镜王蛇！

棱皮龟

棱皮龟又被称作革龟、七棱皮龟、舢板龟、燕子龟，是最大的一种海龟。别的种类的海龟都有着坚硬的龟壳，但棱皮龟的龟壳要更加柔软和灵活，有点像皮革的质感。棱皮龟的鳍状肢也和别的海龟有区别，因为上面没有长爪子。

世界真奇妙！

棱皮龟能游非常远的距离去寻找自己最爱吃的水母！

超级数据

名称：棱皮龟
寿命：约50年
身长：1至2米
体重：250至700千克
食物：水母和海鞘
栖息地：开阔的海域
主要分布：除了寒冷的南北极外所有的海洋

飞蜥

飞蜥又被称作飞龙，这种小型爬行动物一生中大多数时间都待在树上，它已经进化出了一种用细长肋骨上特殊的皮瓣在树木间“飞行”的能力。它在树木间“飞行”以寻找食物或伴侣，有时也为了逃脱捕食者。

超级数据

名称：飞蜥

寿命：8年

身长：21厘米

体重：约21克

食物：蚂蚁和白蚁

栖息地：热带雨林

主要分布：菲律宾、加里曼丹岛，横跨东南亚并一直延伸到印度南部

世界真奇妙！

雌性飞蜥会把卵产在地面上，但一天后它就会回到树上去，留下宝宝们“自谋出路”！

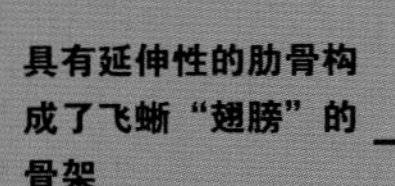

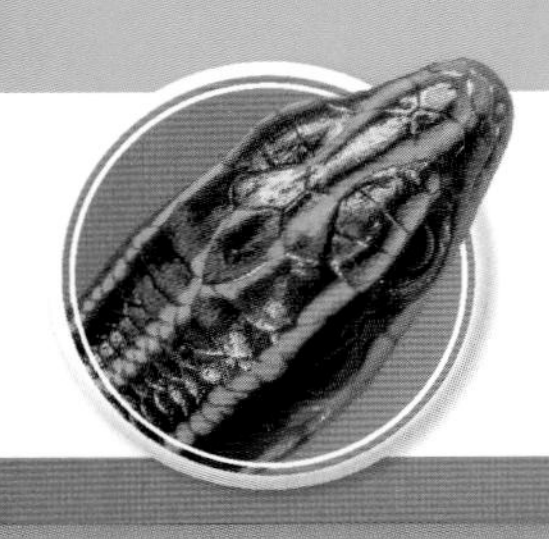

五线圆筒蜥

五线圆筒蜥生活在潮湿的树林里，那里不但有许多石头缝或碎树叶这样能藏身的地方，还有它最喜欢的食物——昆虫、蜗牛和青蛙。

世界真奇妙！

五线圆筒蜥的卵需要保持温暖和潮湿，所以有时雌性五线圆筒蜥会在卵上撒尿！

超级数据

名称： 五线圆筒蜥
寿命： 约6年
身长： 12.5至21.5厘米
体重： 不详
食物： 昆虫和蜘蛛
栖息地： 潮湿的林地和森林间有遮挡物的空地
主要分布： 北美洲东部

金花蛇

人们常常能在热带树林里发现在树上休息的金花蛇，当遇到危险时，金花蛇能伸展开自己的身体，并将自己弹射出去“飞”向另一棵树，所以金花蛇也被称作金飞蛇。

超级数据

名称：金花蛇
寿命：4至12年
身长：1至1.3米
体重：1千克
食物：青蛙、壁虎、蝙蝠、小鸟
栖息地：森林、公园、花园
主要分布：南亚及东南亚

世界真奇妙！

金花蛇在毒液对猎物起效前会一直紧紧地抓着猎物。

平胸龟

平胸龟又被称作鹰嘴龟、大头平胸龟、鹰龟。你能从它的别名中猜到，这种龟的头部非常大。实际上，它的头部大到无法像别的龟类一样收回到龟壳中去，因此，它的头上进化出了独立的保护壳。

美洲短吻鳄

美洲短吻鳄又被称作美国短吻鳄。这种短吻鳄一般待在湖泊、河流和沼泽中，并将自己半潜在水下躲藏起来，随时准备扑向猎物。和别的短吻鳄不同，它不只吃鱼，像乌龟、哺乳动物，甚至靠近水面的树枝上的鸟类也能成为美洲短吻鳄的食物。

强有力的尾巴使美洲短吻鳄能在水中行动迅速

尾巴占据了美洲短吻鳄身长的一半

超级数据

名称：平胸龟

寿命：15年　身长：40厘米

尾长：约17厘米

体重：不详

食物：鱼类、软体动物、蠕虫

栖息地：森林中的山涧小溪

主要分布：亚洲的部分地区，包括中国

世界真奇妙！

大多数龟都喜欢待在水中，而平胸龟更喜欢用它强壮的腿和爪子在陆地上爬行。

世界真奇妙！

和别的爬行类动物不同，雌性美洲短吻鳄会照顾自己的宝宝。

超级数据

名称：美洲短吻鳄

寿命：约50年

身长：3至5米

体重：454千克

食物：鱼类、乌龟、蛇和小型哺乳动物

栖息地：淡水河流、湖泊、沼泽和湿地

主要分布：美国东南部

宽大的嘴部

脚上长有蹼，很适合游泳

海龟

很多海龟只有在产卵的时候才会离开海洋。尽管海龟也需要呼吸空气，但它仍旧可以潜水约40分钟以寻找食物，睡觉或休息的时候甚至可以在水下屏住呼吸近7小时。

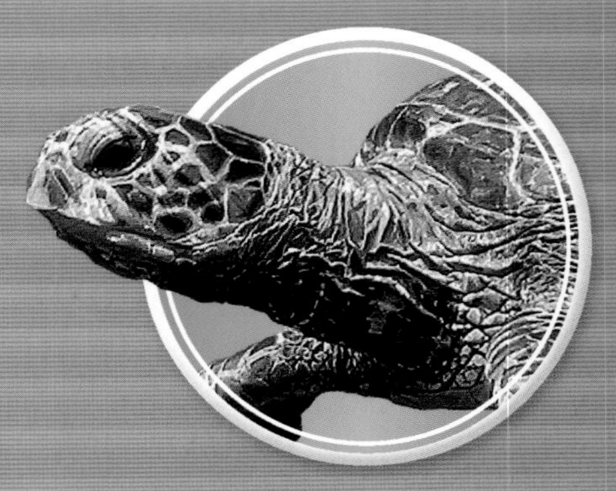

海龟：水中“马拉松”运动员

巅峰对决！

一些动物在海里游泳时需要屏住呼吸，另一些动物可以从水中吸收氧气。上面两种动物——海龟和水熊，都是在无氧条件下生存的专家，谁能坚持更长的时间呢？

水熊

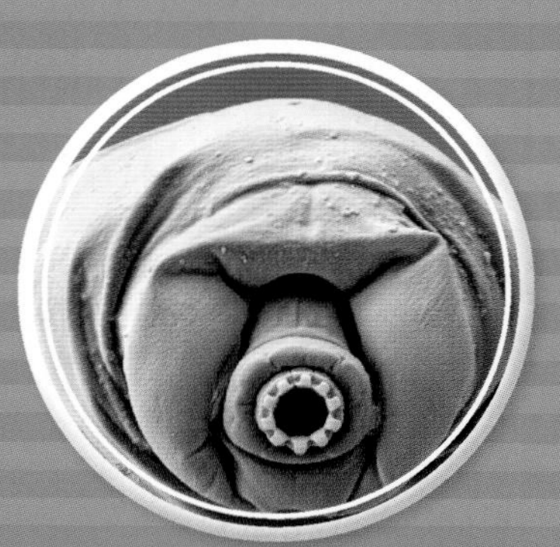

这种尺寸“迷你”的动物要靠从水中获取氧气生存。但如果周围没有水源的话，它会让自己脱水，进入死去一样的状态，直到再次进入水中。

谁会胜出？

海龟的憋气时间比任何爬行动物、甚至哺乳动物都要长！但这仍旧不及水熊的憋气能力，水熊能在脱水无氧条件下挺过5年。

天堂树蛇

这种栖息在树上的蛇也被称作天堂飞蛇。实际上，在五种“飞蛇”中，天堂树蛇滑翔的距离最远，能达到25米，足够它从一棵树去往另一棵树寻找食物。

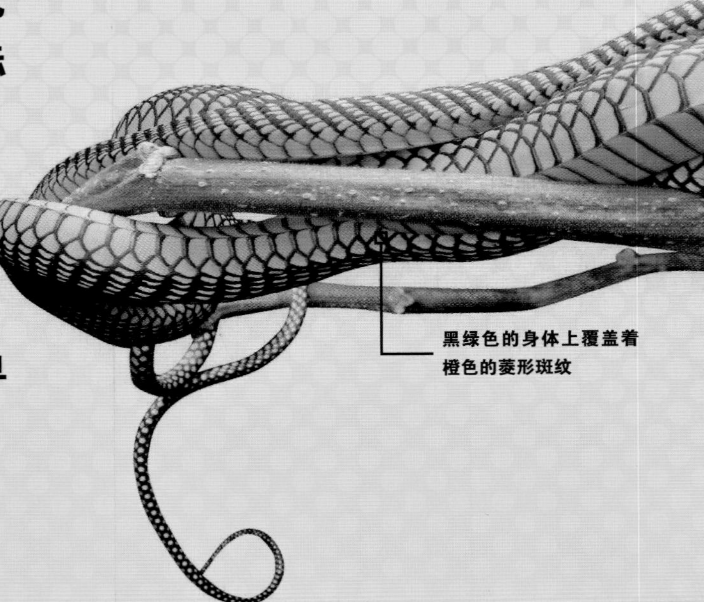

鬃狮蜥

鬃狮蜥实际上并没有真正的胡须，只是下巴上长着些带刺的鳞片。鬃狮蜥在感受到威胁的时候，会鼓起鳞片来吓跑捕食者，除此之外，求偶时它也会鼓起鳞片来吸引异性。

尾巴几乎和身体一样长

强壮的腿

嘴里长着毒牙，毒牙中有能麻痹猎物神经系统的毒素，使猎物动弹不得

超级数据

名称：天堂树蛇　寿命：10年

身长：0.9米　体重：不详

食物：蜥蜴、青蛙、蝙蝠和鸟类

栖息地：热带森林

主要分布：印度、东南亚、印度尼西亚西部和菲律宾

世界真奇妙！

天堂树蛇能将自己的身体伸展到两倍宽以便更好地在空中滑翔。

它的骨架可以伸长，使身体变得平坦以便滑翔

鳞片能够变色，鬃狮蜥通常用这一技能吸引异性

世界真奇妙！

鬃狮蜥可以通过向同伴挥手进行交流。

超级数据

名称：鬃狮蜥　寿命：10至15年

身长：40至50厘米　尾长：40至50厘米

体重：380至510克

食物：小型脊椎动物、无脊椎动物，以及一些植物，包括水果和叶子等

栖息地：沙漠和干燥的林地

主要分布：澳大利亚

棘蜥

棘蜥身上的刺是用来保护它免遭捕食者袭击的，它也会用这些刺在沙漠中找水喝。它用刺在植物上摩擦，这样植物上的露水就会顺着这些刺流进嘴里。

糙鳞绿蛇

糙鳞绿蛇又名美国青蛇，这种蛇大多住在水边的树林中，它也是极佳的“游泳健将”。糙鳞绿蛇因其鳞片不寻常的质地而得名，每片鳞片上都有一个突起，使其外表质地粗糙。

极佳的视力

世界真奇妙！

糙鳞绿蛇能把身体像弹簧一样卷起来，然后迅速伸直，向猎物弹射过去进行攻击。

世界真奇妙！

一只棘蜥一顿饭能吃2,500只昆虫！

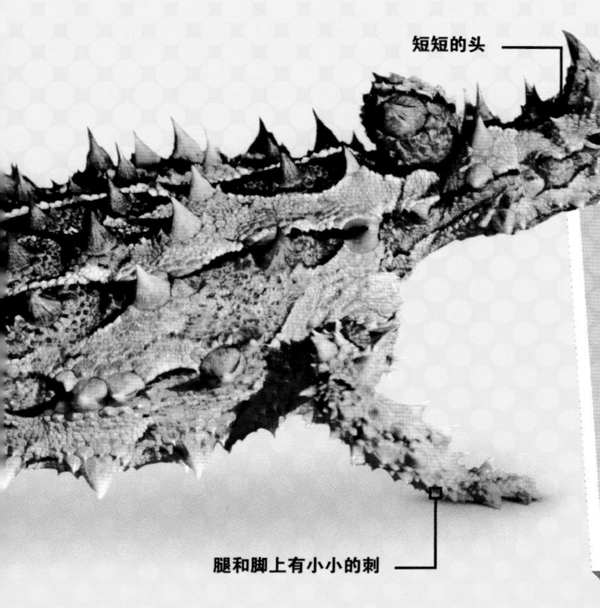

超级数据

名称：棘蜥

寿命：20年

身长：15至18厘米

体重：25至50克

食物：蚂蚁等昆虫

栖息地：沙漠

主要分布：澳大利亚西部和南部

超级数据

名称：糙鳞绿蛇　寿命：8年

身长：75至100厘米　体重：9至54克

食物：无脊椎动物，包括毛毛虫、蚱蜢、甲虫

栖息地：森林、公园、花园

主要分布：北美洲东部及墨西哥

细长的身体，腹部为白色或黄绿色

绿色可以帮助糙鳞绿蛇在植物间进行伪装

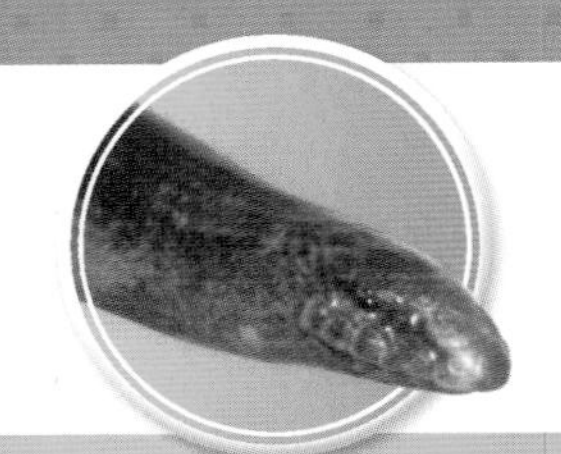

北蠕蜥

北蠕蜥又被称作加州无腿蜥。这种生物第一眼看上去很像蛇，但从两个特征能分辨出它是蜥蜴：一是蛇没有眼皮，而北蠕蜥有眼皮；二是它可以自行断掉一部分尾巴来迷惑捕食者，这是一项蜥蜴会而蛇不会的技能。

纳米比亚变色龙

大多数变色龙都居住在树上，但纳米比亚变色龙却能够生活在非洲纳米布沙漠中。我们熟知的变色龙的变色技能不只是一种伪装，它改变自身颜色也是为了在白天和夜晚保持体温的恒定。

眼皮

在一些北蠕蜥的背上可以看到黑色的条纹

超级数据

名称：北蠕蜥

寿命：人工养殖条件下6年，野外条件中不详

身长：18厘米　体重：4.5克

食物：蜘蛛、蚂蚁等昆虫

栖息地：海岸沙丘、山谷丘陵地带、繁盛的树林以及海边的灌木丛

主要分布：美国加利福尼亚州南部、墨西哥

世界真奇妙！

在北蠕蜥断尾之后，要再长出一条新尾巴需要大约一年时间。

超级数据

名称：纳米比亚变色龙

寿命：约15年

身长：28厘米

体重：约94克

食物：不详

栖息地：沙漠和半干旱地区

主要分布：非洲南部

世界真奇妙！

纳米比亚变色龙会吃一些石头和沙子，动物专家们认为这么做有助于消化食物。

长长的尾巴

鳞片可以变成黑色，帮助它吸收热量以保持温暖

鳞片

加蓬蝰蛇

加蓬蝰蛇又名加蓬咝蝰，这种极有耐心的捕食者喜欢静静地潜伏在森林的地面上，等待着给猎物“致命袭击”。当啮齿动物、哺乳动物、鸟类或青蛙进入了它的视野中，它会立刻用自己长达5厘米的毒牙对猎物发起攻击。

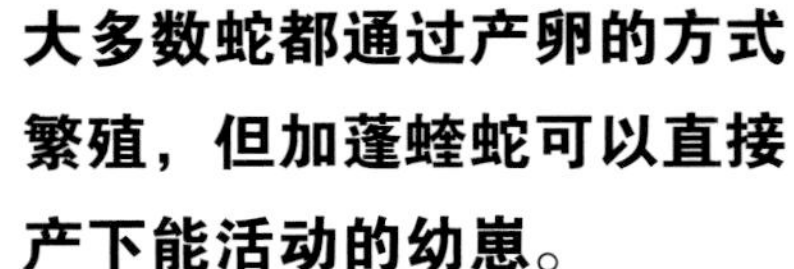

世界真奇妙！

大多数蛇都通过产卵的方式繁殖，但加蓬蝰蛇可以直接产下能活动的幼崽。

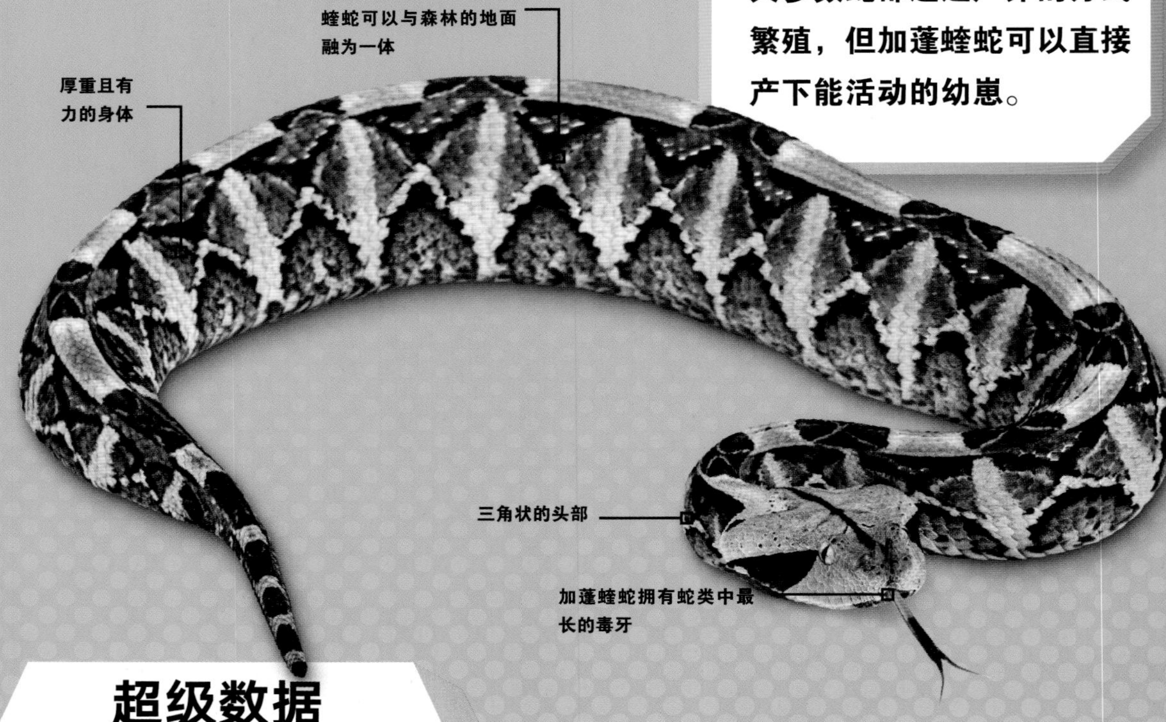

超级数据

名称： 加蓬蝰蛇
寿命： 约20年
身长： 约1.8米
体重： 约20千克
食物： 中小型哺乳动物和鸟类
栖息地： 雨林和热带森林
主要分布： 非洲中部及东西部

铲吻蜥

这种体形小巧的蜥蜴是仅有的几种能在纳米布沙漠的高温中生存下来的动物之一，它像铲子一样的嘴巴能在沙丘中挖洞以逃避捕食者的追捕，或在地下凉爽的沙子里休息。

世界真奇妙！

为了避免被滚烫的沙子灼伤，铲吻蜥会时不时地将自己的一只脚抬起来，看起来就像是在跳舞一样。

超级数据

名称：铲吻蜥

寿命：不详

身长：约5厘米

体重：不详

食物：昆虫，特别是一些小甲虫

栖息地：沙漠

主要分布：安哥拉和纳米比亚

砂鱼蜥

超级数据

名称：砂鱼蜥
寿命：人工养殖条件下可达10年
身长：9厘米
体重：16克
食物：昆虫
栖息地：沙漠和沙丘
主要分布：埃及和非洲北部

砂鱼蜥得名于像鱼一样的外表。它能够用流线型的身体在沙子里“游泳”捕猎、逃脱捕食者的追捕，也能在沙漠环境中保持身体凉爽。

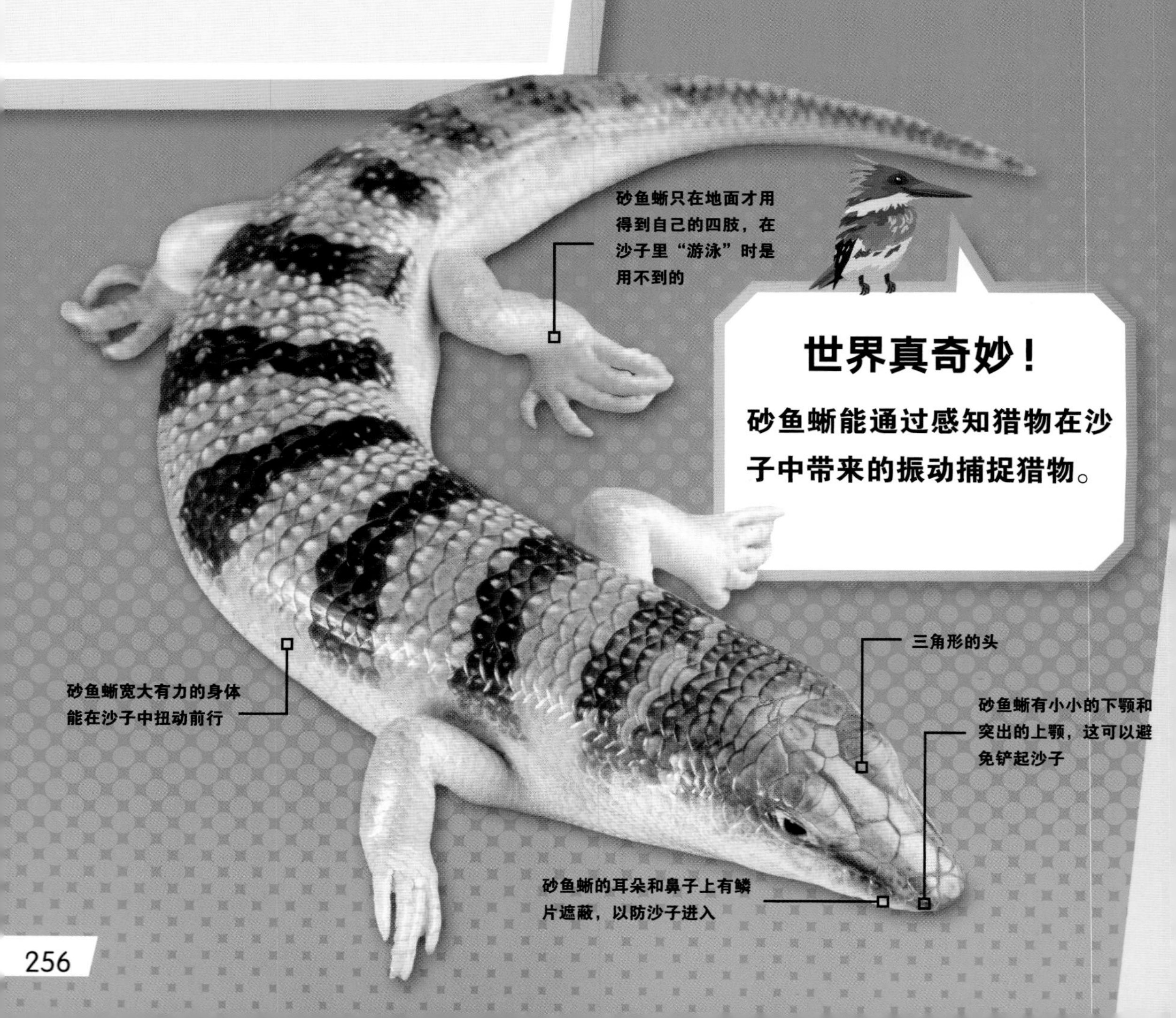

世界真奇妙！

砂鱼蜥能通过感知猎物在沙子中带来的振动捕捉猎物。

楔齿蜥

楔齿蜥又被称作喙头蜥。楔齿蜥的近亲几乎都在1亿年前灭绝了，这种稀有的类蜥蜴物种是史前爬行动物种群中唯一的幸存者，只有在新西兰附近的两组岛屿中能找到它的踪迹。

世界真奇妙！

楔齿蜥的寿命非常长，有些个体能活超过100年！

超级数据

名称：楔齿蜥　寿命：90年

身长：约61厘米　体重：约1.5千克

食物：甲虫、沙螽、蠕虫、蜈蚣和蜘蛛

栖息地：地洞

主要分布：新西兰

得州细盲蛇

得州细盲蛇得名于其极小的眼睛和极有限的视力，这种蛇只能感知光线，无法察觉到物体的移动。这种蛇大部分时间都待在地下，也并不需要非常好的视力。

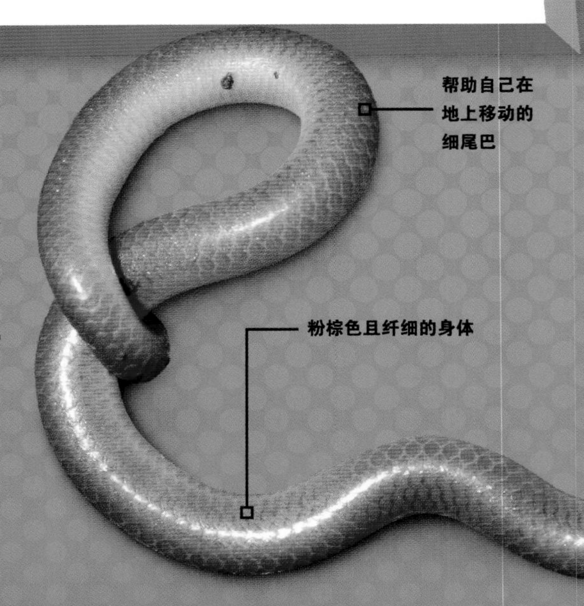

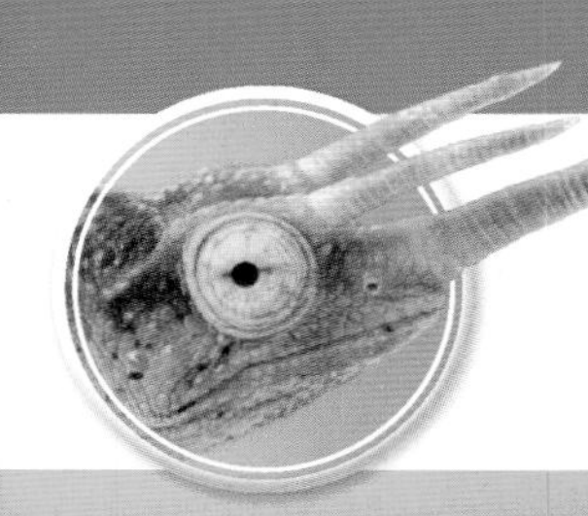

杰克森变色龙

雄性杰克森变色龙头上一般长着三只角，雌性头上通常只有一只小小的角，甚至没有角。雄性用角互相炫耀，或是用来保卫自己的领土。

小小的头上长着
更小的眼睛

光滑的鳞片

超级数据

名称：得州细盲蛇

寿命：不详

身长：15至27厘米

体重：约1.4克

食物：小昆虫、蜘蛛以及蚂蚁和白蚁的幼虫

栖息地：地洞

主要分布：美国南部及墨西哥东北部

世界真奇妙！

雌性得州细盲蛇每次可以产下7枚卵，并会缠绕在卵周围直至小蛇破壳而出。

世界真奇妙！

雌性杰克森变色龙一年可以产多达100只卵。

超级数据

名称：杰克森变色龙

寿命：2至3年

身长：20至30厘米

体重：90至150克

食物：昆虫

栖息地：森林

主要分布：肯尼亚和坦桑尼亚

鼻子上长着一
只角

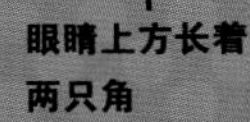

加拉帕戈斯象龟

加拉帕戈斯象龟不但是世界上最大的龟，而且是最重的——它的体重可达400千克，像马一样重！它栖息在太平洋上的加拉帕戈斯火山群岛，每天吃吃草，在池塘里晒晒太阳，有的个体甚至能存活超过100年。

动物的分类

动物王国中所有的生物可以根据外形分成各种不同的阵营，这一过程称作“分类”。

脊椎动物和无脊椎动物

动物可以被分成两类：一类是长有脊椎的，我们称之为脊椎动物；而没有长脊椎的，我们称之为无脊椎动物。较大的动物一般都是脊椎动物，而身材较小的动物大多是无脊椎动物。

脊椎动物

脊椎动物可再细分为享有某些共同特征的更小的动物群体。

哺乳动物

哺乳动物都是恒温动物，且皮肤上覆盖着毛。雌性会直接产下幼崽并进行母乳喂养。

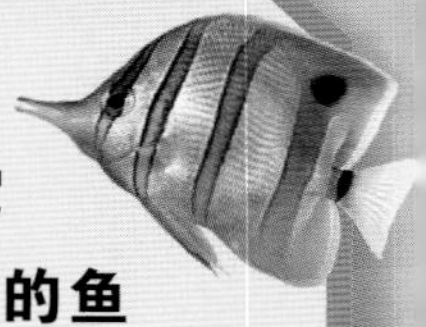

鸟类

鸟类是恒温动物，它们都长着羽毛和尖尖的嘴。

鱼类

鱼类是冷血动物，它们长着能在水下呼吸的鱼鳃和在水中游泳的鱼鳍。

两栖动物

两栖动物是冷血动物，它们都出生在水里，成年后既能在水里生活，也能在陆地上生活。

爬行动物

爬行动物都是冷血动物，它们身上普遍长有鳞片，大多通过产卵的方式来繁育后代。

无脊椎动物

和脊椎动物一样，无脊椎动物也被分为了好几类。每种无脊椎动物都有共同的特征，比如有些有坚硬的、能保护身体的“盔甲”。

环节动物

环节动物的身体由许多彼此相似的体节组成，比如蚯蚓。

节肢动物

节肢动物的身体由数个对称的部分组成，比如腿。同时它们身体上还覆盖着外骨骼。

刺细胞动物

刺细胞动物有着柔软的身体并居住在海洋当中。

棘皮动物

棘皮动物的形状很像星星。

软体动物

软体动物通常都长着硬硬的壳来保护自己。

海绵动物（多孔动物）

海绵动物有着柔软的身体，且生长在海里的某一固定位置。

世界真奇妙！

一些无脊椎动物会大量聚集形成群落。

咸水鳄

咸水鳄会静静地潜伏在水源边等待它的猎物，如水牛、猴子、野猪等。一旦猎物出现，咸水鳄就会紧紧咬住并将其拖入水中。

咸水鳄：耐心的捕食者

巅峰对决！

凶猛的捕食者需要强有力的嘴巴和牙齿来抓住并吃掉猎物，不管是咸水鳄还是大白鲨，都有着动物王国中数一数二的咬合力，它们中究竟谁的咬合力更强呢？

大白鲨

在这种迅捷且凶猛的生物面前，海狮、海豹和鲸鱼都难逃成为猎物的命运。当足够靠近猎物时，大白鲨会突然向前冲，用自己长着300颗牙齿的大嘴狠狠咬住猎物。

大白鲨：行动迅猛的海洋捕食者

谁会胜出？

咸水鳄的咬合力和它的近亲尼罗鳄一样，是成年人的20倍。从体形上比较的话，咸水鳄的咬合力比大白鲨的要强3倍，所以咸水鳄获胜！

伞蜥

伞蜥又被称作斗篷蜥、褶伞蜥、皱皮蜥蜴，当遇到危险的时候，伞蜥不会立即逃跑，而是让自己看起来很可怕：首先，它会张开脖子上的褶皱，不断摇头；其次，它会抽动尾巴并晃腿；最后，它会张大嘴巴并发出“嘶嘶”的叫声。

世界真奇妙！

在展示完自己吓退敌人的伎俩后，伞蜥会飞快地爬到树上逃之夭夭。

超级数据

名称：伞蜥
寿命：20年
身长：约90厘米
体重：约0.5千克
食物：昆虫和别的蜥蜴
栖息地：亚热带森林
主要分布：澳大利亚

黑曼巴蛇

黑曼巴蛇又被称作黑树眼镜蛇，它是世界上速度最快且毒性最强的蛇。流线型的身体让它可以在开阔的林地间顺滑地爬行，如果有必要，它甚至可以爬到树上！

超级数据

名称：黑曼巴蛇
寿命：至少11年
身长：约4.2米
体重：约1.5千克
食物：小型哺乳动物和鸟类
栖息地：热带稀树草原和布满岩石的山丘
主要分布：非洲南部和东部

世界真奇妙！

黑曼巴蛇得名于其黑色的口腔。

身体是灰色或褐色的

宽大且顺滑的鳞片

脖子上的“兜帽”是折叠起来的，必要时可以伸展开以吓跑攻击者

科莫多巨蜥

科莫多巨蜥又被称作科莫多龙或魔龙，它既是世界上最大的蜥蜴，也是最凶猛的捕食者。科莫多巨蜥不但能用分叉的舌头嗅到10千米外食物的气息，还能一口吞下整只猎物。除此以外，它还能用强健的尾巴击败比自己体形大得多的动物，用像锯子一样锋利的牙齿将猎物大卸八块。

科莫多巨蜥不但会用自己肌肉发达的长尾巴来保持平衡，还能将其当作一件强大的武器攻击比自己体形更大的动物

短短的腿在冲刺时能跑到20千米/小时的速度

超级数据

名称：科莫多巨蜥

寿命：30年

身长：3米

体重：超过70千克

食物：主要以腐肉为食，有时也会吃活鹿、野猪、鸟类、山羊和爬行动物

栖息地：炎热、干燥的草原和热带森林

主要分布：印度尼西亚南部岛屿

世界真奇妙！

一条科莫多巨蜥一餐可以吃下相当于自己体重80%的食物，这足以让它支撑一整个月不再进食！

科莫多巨蜥嘴里60颗弯曲的锯齿状牙齿，不但能撕咬猎物，还能将唾液中的毒素注入猎物体内。

绿森蚺

绿森蚺又被称作森蚺、绿水蟒、绿巨蟒。作为世界上最重的蛇类，最重的绿森蚺的体重接近一头猪的重量。它不但重，还特别长，大约和一辆校车的长度一样。由于体形庞大，绿森蚺在陆地上移动得很慢，但在水中时情况则截然相反——它是一位强悍的“游泳健将”，能够潜伏在水里等待猎物。

雌性比雄性体格更大

世界真奇妙！

绿森蚺的嘴伸缩性极强，它一口就能把凯门鳄和猪这样的大块头吞下去！饱餐一顿后，一个月内它都不用再为食物发愁了。

相比于身体其他部位，脑袋显得很小

眼睛和鼻孔在头部的上端，这样绿森蚺潜在水下时也能呼吸和观察四周

超级数据

名称：绿森蚺

寿命：约10年

身长：约9米

体重：56千克

食物：几乎所有动物，包括鱼、爬行动物、鸟类和哺乳动物

栖息地：沼泽和洪泛森林

主要分布：南美洲北部地区

腰部很粗，足有30厘米宽

强壮的身体能够缠住猎物，使猎物动弹不得直至死亡

橄榄绿的皮肤、椭圆形的斑纹使绿森蚺能与周围融为一体

绿森蚺的整只眼睛被一层透明的鳞片覆盖。

无脊椎动物

无脊椎动物早在6亿年前就已经出现了，现在它们是地球上种群数量最庞大的动物。事实上，地球上约97%的动物是无脊椎动物，甲虫（鞘翅目）这一种动物就占据了世界上现存生物总数的四分之一。许多无脊椎动物生活在海洋里，但更多的生活在陆地上。所有无脊椎动物都有一个共同的特点，那就是它们的身体里没有脊椎，甚至一根骨头也没有。

什么是无脊椎动物？

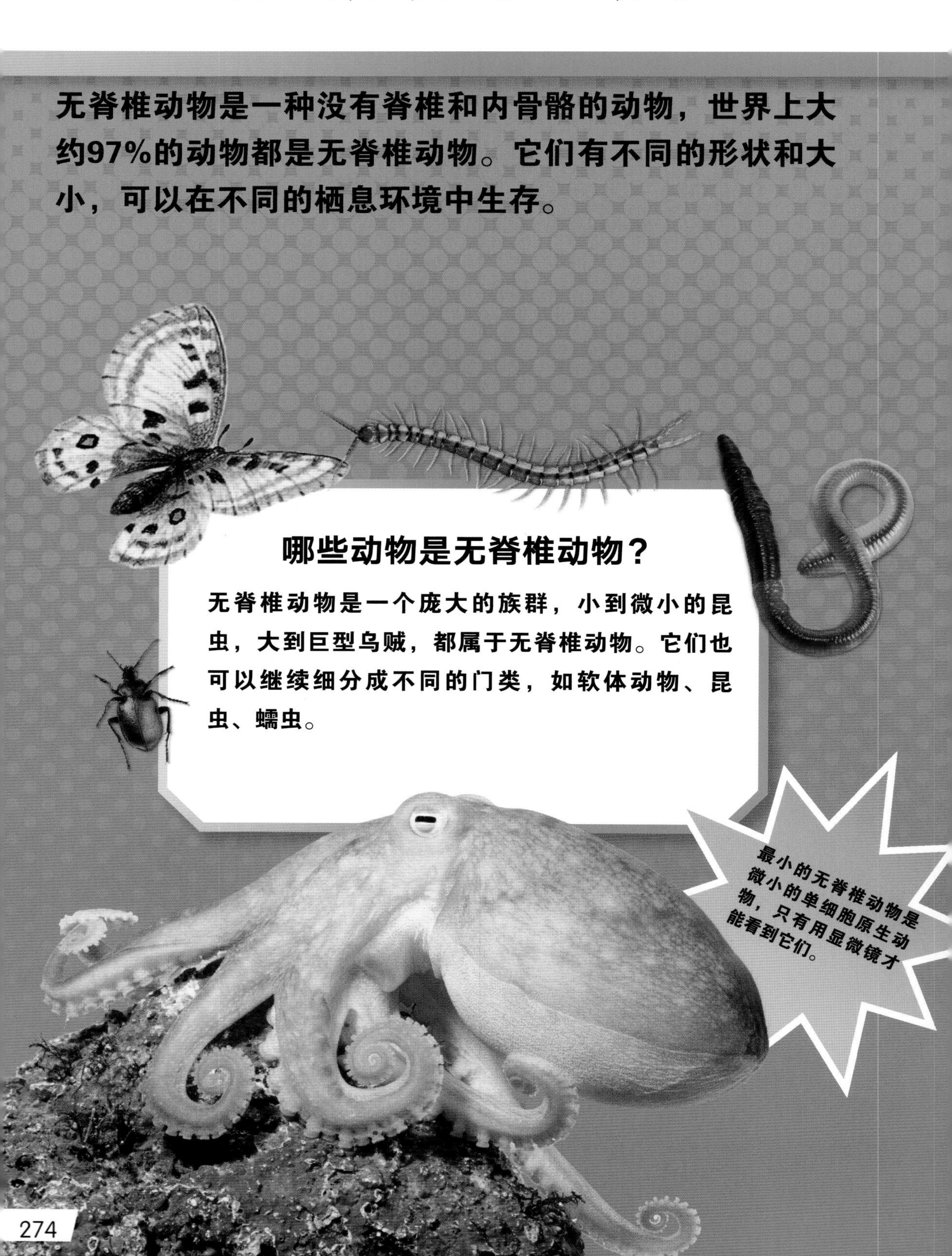

无脊椎动物是一种没有脊椎和内骨骼的动物，世界上大约97%的动物都是无脊椎动物。它们有不同的形状和大小，可以在不同的栖息环境中生存。

哪些动物是无脊椎动物？

无脊椎动物是一个庞大的族群，小到微小的昆虫，大到巨型乌贼，都属于无脊椎动物。它们也可以继续细分成不同的门类，如软体动物、昆虫、蠕虫。

最小的无脊椎动物是微小的单细胞原生动物，只有用显微镜才能看到它们。

是什么取代了无脊椎动物的脊椎？

有些无脊椎动物，比如蠕虫，它们的躯体是柔软的，没有骨头；另一些，比如蜗牛，则是被坚硬的外壳保护着。但大多数无脊椎动物，包括昆虫、蜘蛛和甲壳动物都有一副外骨骼，它们就是所谓的节肢动物。

无脊椎动物是如何繁育后代的？

大部分的无脊椎动物都是从卵里孵出来的。它们中一些是以幼体形式孵出的，其幼体与其成体的形态区别很大；有些幼崽孵化后是成体的缩小版，随着年龄的增长而变大。

无脊椎动物真的是随处可见吗？

是的。即使在南极洲，你也可以看见它们。举个例子，南极蚊就是一种小型昆虫，它们不能飞行，一年到头都被冻在冰天雪地里。而且，海洋里也住着很多无脊椎动物。如图所示，水的浮力支撑着海绵的躯干，它们可以用漂浮的方式觅食。

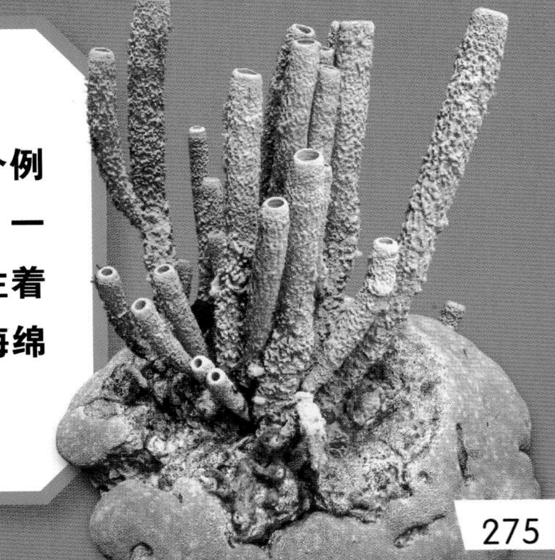

金属蓝蛛

金属蓝蛛栖息在热带雨林深深的地洞中。科学家们也不确定为什么这种蜘蛛的颜色如此鲜亮。和大多数蜘蛛一样，金属蓝蛛的视力很弱，所以它身上的颜色不大可能是用来吸引异性的，也许是用来警示和驱离捕食者的。

世界真奇妙！

雌性金属蓝蛛的寿命是雄性的两倍。

超级数据

名称：金属蓝蛛

寿命：24年

身长：约13厘米

体重：不详

食物：昆虫、别的蜘蛛、两栖动物和老鼠

栖息地：热带雨林

主要分布：东南亚

欧洲深山锹形虫

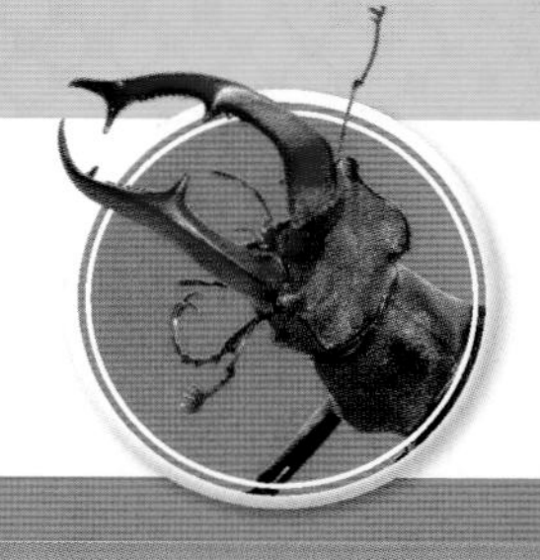

欧洲深山锹形虫又名鹿角虫，因为其头部有一对硕大的“角”，就像雄鹿的鹿角。然而，这对“角”实际上是巨大的口器。雄性用这对“角”来争夺领地和吸引雌性，而雌性欧洲深山锹形虫的口器则要小得多。

超级数据

名称：欧洲深山锹形虫
寿命：3至7年
身长：7.5厘米
体重：2至6克
食物：树汁
栖息地：森林和公园
主要分布：亚洲和欧洲

世界真奇妙！

欧洲深山锹形虫生命的前6年会以幼体的形态生活在腐烂的木头和植物下，并以其为食。

宝石蛙腿茎甲

超级数据

名称： 宝石蛙腿茎甲
寿命： 不详
身长： 约5厘米
体重： 不详
食物： 树叶
栖息地： 森林
主要分布： 东南亚

这种甲虫强壮的、长长的后腿看上去像青蛙腿，它因此得名。然而，它的后腿并不是用来跳跃的。宝石蛙腿茎甲用它的后腿和脚上的爪子在陡峭的表面攀爬。

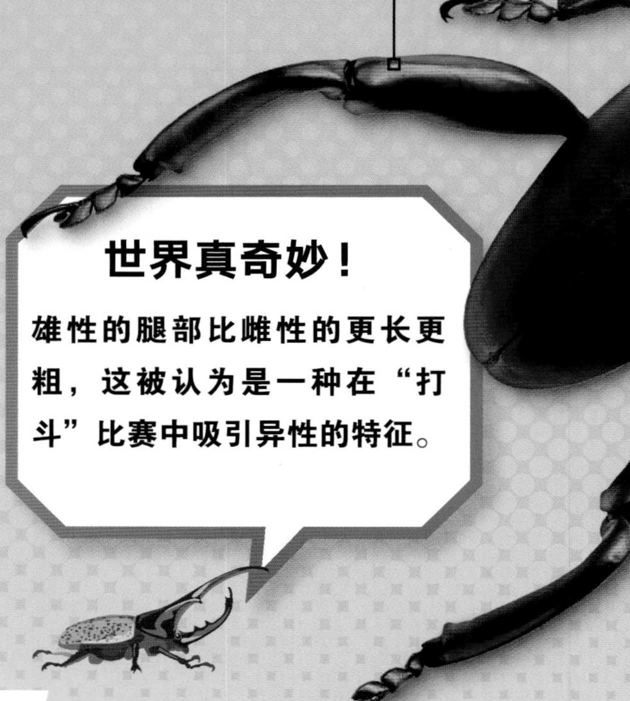

世界真奇妙！

雄性的腿部比雌性的更长更粗，这被认为是一种在“打斗”比赛中吸引异性的特征。

双斑猎蝽

双斑猎蝽又被称为双斑粗股猎蝽、白眼甲虫，它是一种极为致命的捕食者。它会将自己的口器刺进猎物的身体，释放出一种能瞬间麻痹猎物神经的毒素，然后用自己吸管般的口器吮吸猎物的体液。

坚硬的口器也可以被称为喙

双斑猎蝽射出的毒液能短暂地使人失明

翅膀上的两个白点

后腿的足部有敏感的梳状刚毛

世界真奇妙！

全球大约有7,000种猎蝽，其中有一种被称作“蜜蜂暗杀者”，它会在腿上涂抹一层黏稠的植物树脂，以此来捕捉蜜蜂。

超级数据

名称：双斑猎蝽

寿命：人工养殖的情况下长达2年

身长：约4厘米

体重：不详

食物：昆虫

栖息地：不详

主要分布：非洲西部

大胡蜂

大胡蜂又被称作黄蜂。世界上有超过3万种胡蜂，它们中大多数都有黑黄相间的体色，但也有一些身上有着绿色、蓝色甚至是红色的斑纹。鲜艳的颜色能警示捕食者——我们是不好惹的！

超级数据

名称：大胡蜂
寿命：不详
身长：约2厘米
体重：不详
食物：苍蝇、蚜虫、毛毛虫和别的无脊椎动物
栖息地：森林、草地、花园
主要分布：英国

世界真奇妙！

有些大胡蜂用咀嚼过的木头建造又大又薄的巢穴。

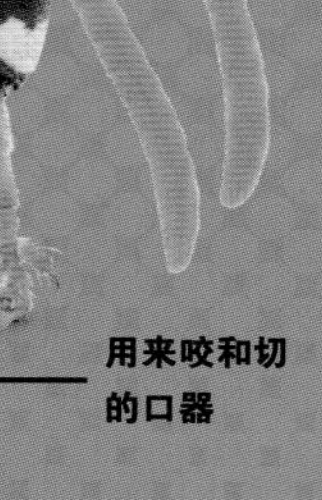

七星瓢虫

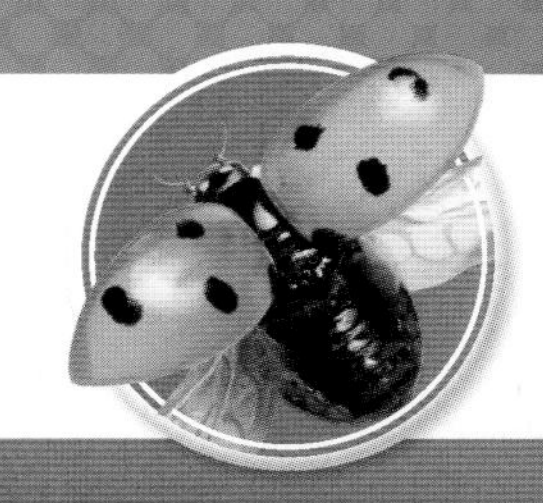

七星瓢虫又被称作花大姐、七星瓢蚆、七星花鸡等，是一种颜色极为鲜亮的甲虫。大多数七星瓢虫的翅膀上都有斑点，世界上有约5,000种不同的瓢虫，它们身上的图案样式也十分丰富。七星瓢虫是欧洲最常见的瓢虫。

世界真奇妙！

七星瓢虫在遭受攻击时，会从关节处释放出带着苦味的血液。

超级数据

名称：七星瓢虫
寿命：不详
身长：约9毫米
体重：不详
食物：昆虫，特别是蚜虫
栖息地：森林、公园和花园
主要分布：亚洲、欧洲和北美洲

普通章鱼

普通章鱼又被称作八爪鱼。这种聪明的头足类动物有许多独特的技能：它是伪装大师，能改变皮肤颜色和纹理来逃避天敌；它能分泌有毒的唾液，还长着锋利的牙齿，甚至可以为了躲避捕食者而自断一条“胳膊”——当然它还能生长出来。

世界真奇妙！

当遇到危险的时候，章鱼能够吐出一团黑墨汁来分散攻击者的注意力，然后逃走。

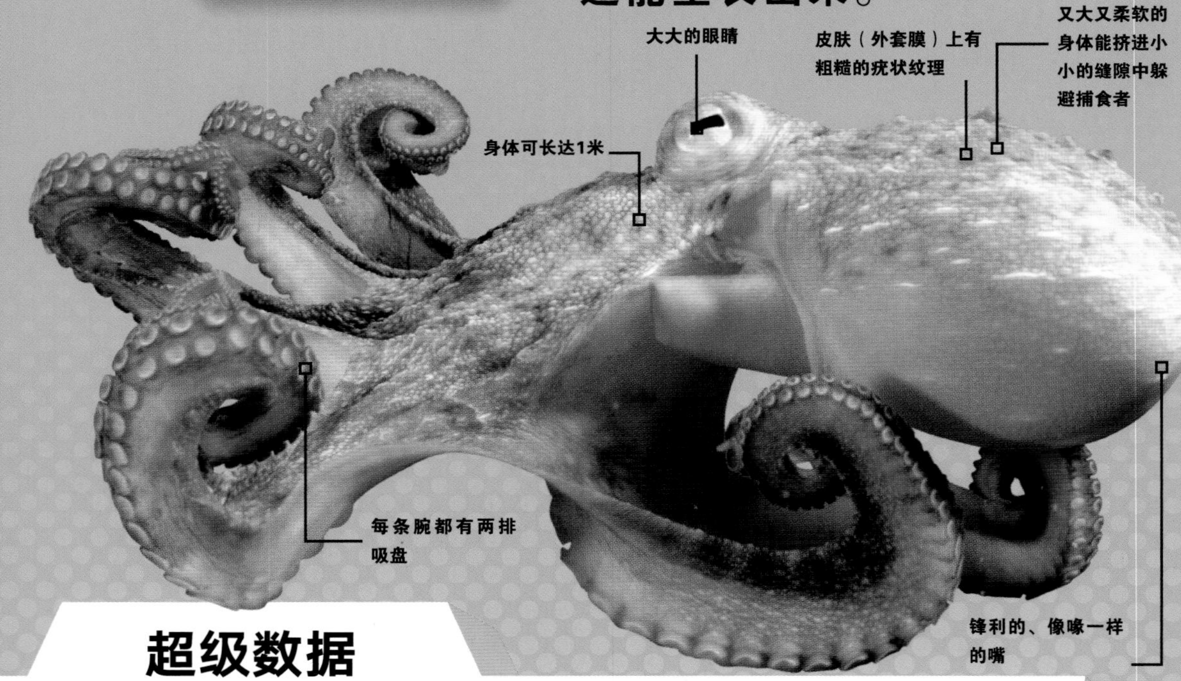

超级数据

名称：普通章鱼

寿命：1至2年

身长：30至91厘米

体重：3至10千克

食物：螃蟹、小龙虾和软体动物

栖息地：热带和温带水域

主要分布：世界各地

北太平洋巨型章鱼

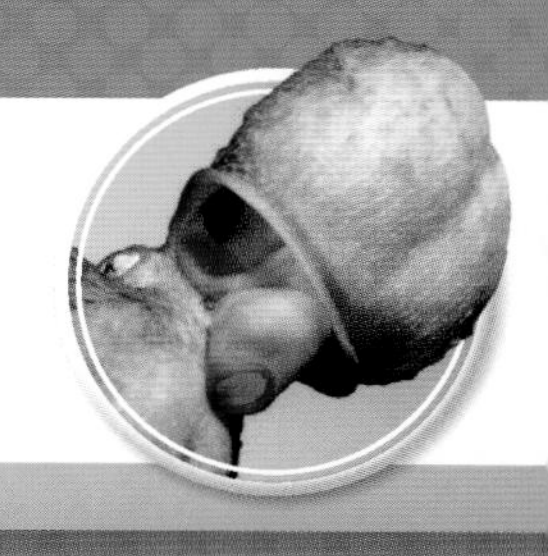

北太平洋巨型章鱼又被称作北太平洋巨人章鱼，它是体形最大的章鱼，也是海洋中最大的无脊椎食肉动物。除此以外，它还是迅捷、聪明的猎手，捕食鱼类、螃蟹甚至鲨鱼。在捕食过程中，它会用自己的八条腕抓住猎物，随后用毒液使猎物失去行动能力。

超级数据

名称：北太平洋巨型章鱼

寿命：3至5年

身长：5米

体重：50千克

食物：主要是甲壳动物，比如螃蟹和龙虾

栖息地：珊瑚礁

主要分布：日本至美国阿拉斯加州的太平洋海域

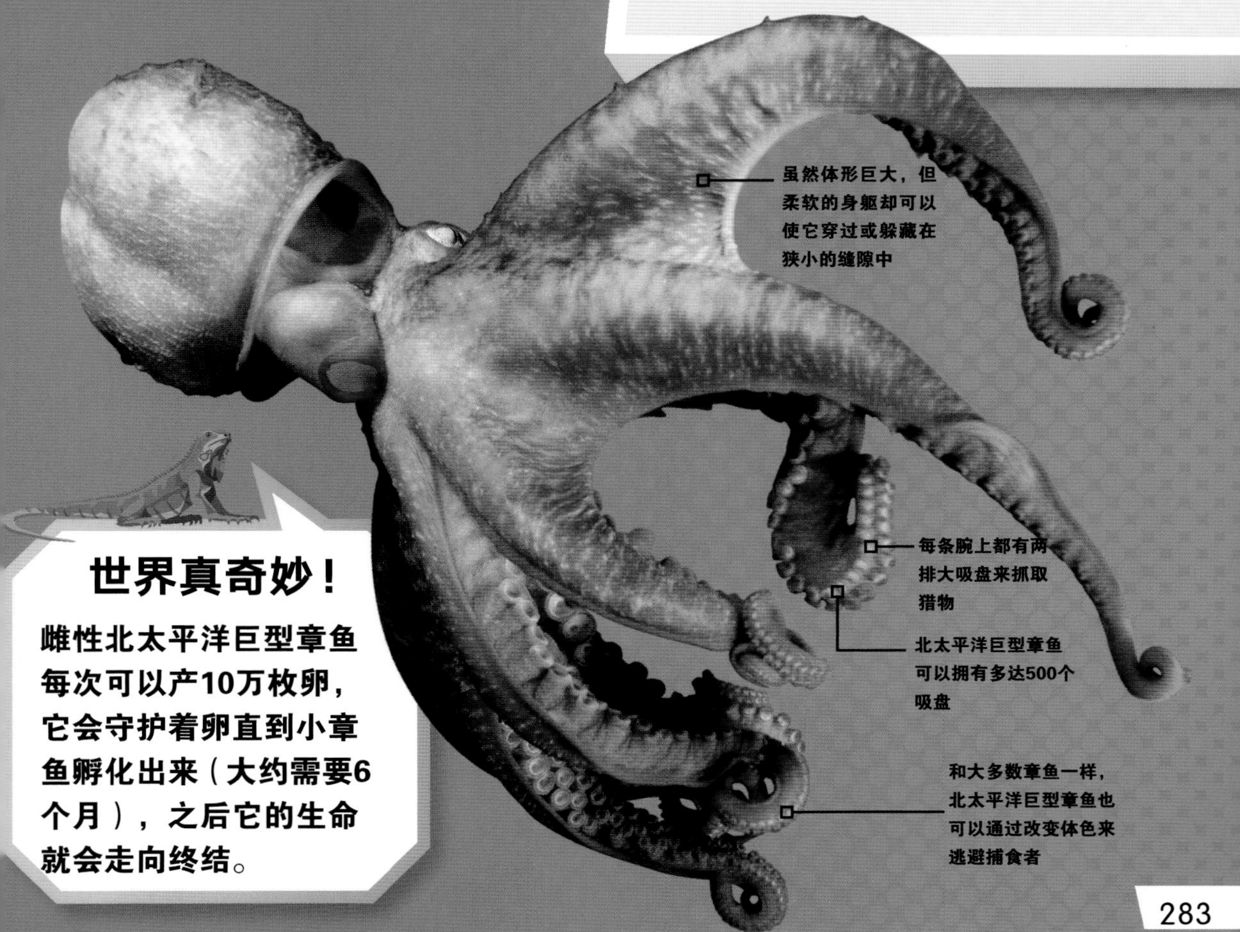

世界真奇妙！

雌性北太平洋巨型章鱼每次可以产10万枚卵，它会守护着卵直到小章鱼孵化出来（大约需要6个月），之后它的生命就会走向终结。

蜣螂

蜣螂是世界上最强壮的昆虫！有的蜣螂能举起比自身重1,141倍的物体，这就像是一个成年人举起6辆双层巴士一样。除此之外，这种神奇的昆虫还有一个特殊的爱好，就是把动物的粪便滚成球状并送到窝里喂给自己的孩子。

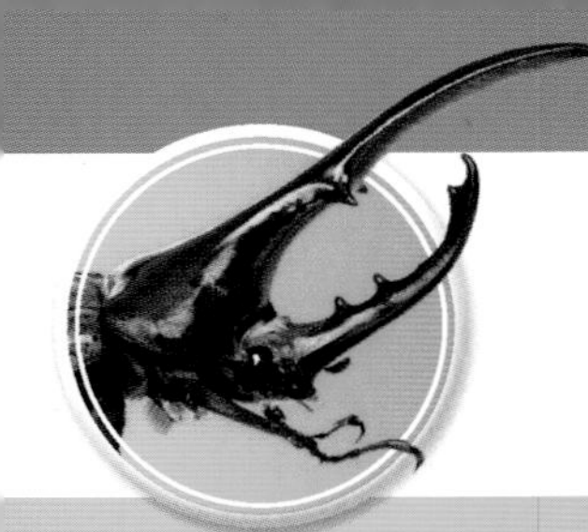

长戟大兜虫

长戟大兜虫又被称作大力神甲虫，雄虫的头上长着两只硕大的角，这个特点使它看上去是雌虫的两倍大。事实上，雄性长戟大兜虫是最大的甲虫之一，长度可达15厘米，甚至比一些老鼠还要大！

世界真奇妙！

长戟大兜虫能举起相当于自身体重100倍的重物。

超级数据

名称： 长戟大兜虫

寿命： 3年

身长： 17厘米

体重： 不详

食物： 幼虫以腐木为食，成虫以落果为食

栖息地： 山地森林与热带雨林

主要分布： 美洲中部和南部

松树皮象

松树皮象是一种象鼻虫，而象鼻虫是昆虫王国中种类最多的一种。象鼻虫得名于脑袋上长着的像鼻子一样的口器。它会用这个长长的口器进食，或是在植物上挖洞产卵。

超级数据

名称：松树皮象
寿命：2至3个月
身长：10至13毫米
体重：不详
食物：植物身上的部位，例如树皮
栖息地：林地
主要分布：欧洲

世界真奇妙！

许多象鼻虫会将卵产在种子或者植物里，这样幼虫“破卵而出”后马上就有东西吃啦！

金缘凹头吉丁甲

金缘凹头吉丁甲又被称作亚洲珠宝甲虫，它身上闪耀的光泽被认为是一种伪装手段。金缘凹头吉丁甲是宝石甲壳虫的一种，而宝石甲壳虫得名于像宝石一样的身体。它的颜色五彩斑斓，有绿色、红色、紫色和蓝色。

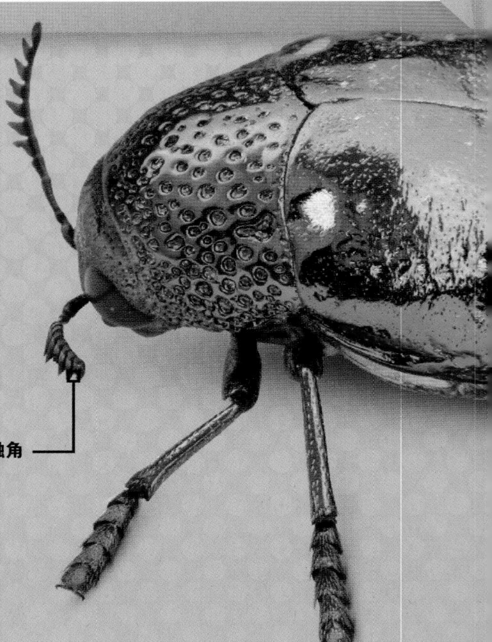

锯齿状的触角

大砗磲

大砗磲又被称作库氏砗磲，它们是世界上最重的有壳类动物，已知最重的大砗磲可达300千克，比一头猪还重！它不怎么活动，以海水中的浮游生物为食，也用寄生在壳上的藻类补充养分。

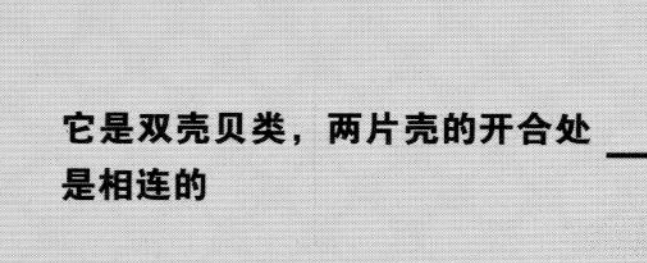

它是双壳贝类，两片壳的开合处是相连的

世界真奇妙！

过去，人们常常将宝石甲壳虫当作胸针戴在身上。

超级数据

名称：金缘凹头吉丁甲
寿命：幼虫期约2年，成虫期3周
身长：2.5至5厘米
体重：约1.8克
食物：植物汁液
栖息地：森林、农田、花园
主要分布：印度、缅甸和泰国等亚洲国家

超级数据

名称：大砗磲
寿命：100年
身长：两片壳打开后可达1.4米宽
体重：50千克
食物：藻类和浮游生物
栖息地：浅海水域
主要分布：南太平洋和印度洋

世界真奇妙！

可以通过大砗磲壳上的生长轮脉判断出它的年龄。

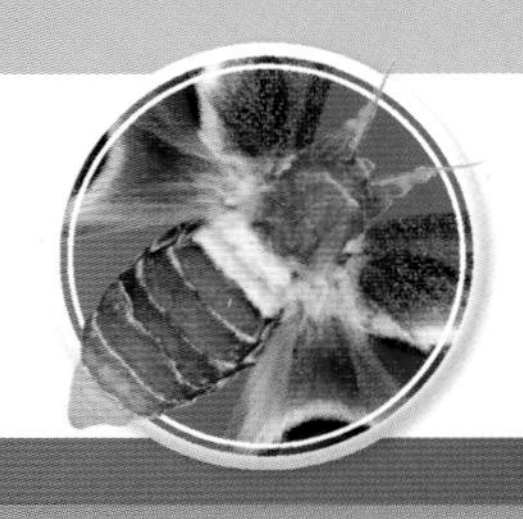

乌桕大蚕蛾

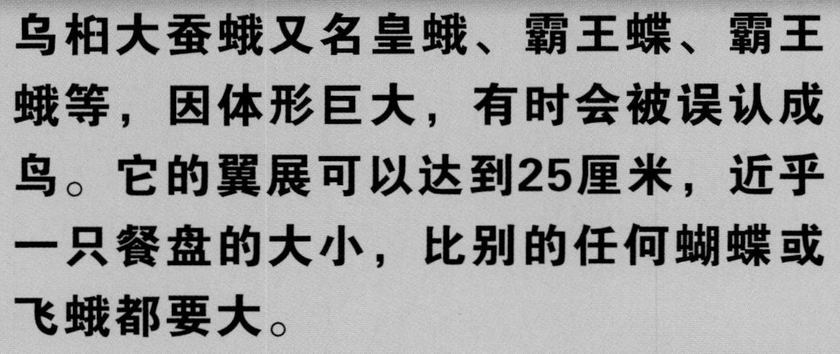

乌桕大蚕蛾又名皇蛾、霸王蝶、霸王蛾等，因体形巨大，有时会被误认成鸟。它的翼展可以达到25厘米，近乎一只餐盘的大小，比别的任何蝴蝶或飞蛾都要大。

弯曲的翅端

雌性的触角略细，雄性的触角更大一些且长满纤毛

雄性通常比雌性小（图示为一只雌性）

短短的身体

硕大的翅膀上覆盖着数千片层层叠叠的鳞片

翅膀上的图案是由不同颜色的鳞片组成的

世界真奇妙！

虽然体形庞大，但成年乌桕大蚕蛾是不会吃东西的，它存活的时间仅够进行繁育。

超级数据

名称：乌桕大蚕蛾

寿命：化蝶后只能存活2周

身长：27厘米　体重：不详

食物：成年期不吃任何动物，幼虫期以肉桂、柑橘、番石榴和牙买加樱桃树的叶子为食

栖息地：雨林

主要分布：中国、印度、马来西亚和印度尼西亚

彩虹长臂天牛

彩虹长臂天牛，又被称作小丑甲虫，是一种生活在热带地区的大型甲虫，翅鞘上有着与众不同的黑色、红色和黄色斑点。最引人注目的还是它长长的前肢，往往比它的身体还要长。雄性彩虹长臂天牛会用它长长的前肢来吸引雌性。

超级数据

名称：彩虹长臂天牛
寿命：约10年
身长：约7.5厘米
体重：不详
食物：植物的汁液
栖息地：森林
主要分布：从墨西哥到南美洲

用来攀爬树枝的腿

雌性（图示为一只雌性）的前肢比雄性短

彩虹长臂天牛身体上的花纹能帮它隐藏在被真菌覆盖的树干里

世界真奇妙！

小型蛛形纲动物会在彩虹长臂天牛的翅鞘里搭便车，以寻找新的食物。

翅鞘里的一对翅膀使它能飞起来

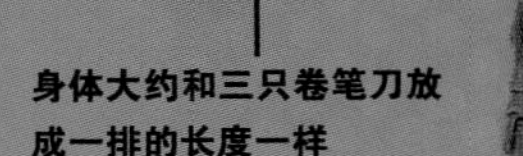

身体大约和三只卷笔刀放成一排的长度一样

最棒的团队合作

切叶蚁族群中个体的数量可达100万只。它们用强有力的口器将树叶割成小块后搬运回巢穴中。它们搬运的叶片最重可达自身重量的50倍。叶片在巢穴中会逐渐腐烂，真菌会从腐烂的叶片中生长出来，切叶蚁就以这些真菌为食。

一流捕食者

捕食者看上去就像自然界中的恶魔，但其实它们仅仅是为了生存下去。任何生物都要吃东西，要在食物链顶端站稳脚跟，绝非易事。成为“一流捕食者”需要耐心、技巧和策略，还需要冒极大的风险。让我们来见识一些在捕食方面达到一流水准的动物。

大白鲨

这种凶残的鱼类既拥有强大的力量，又拥有强大的耐力，一张血盆大口能使猎物动弹不得，然后耐心地等待猎物失去抵抗能力，最后将其吃掉。

黑寡妇蜘蛛

黑寡妇蜘蛛的个头很小，却十分危险。它致命的毒液能够轻松杀死猎物，甚至比很多蛇的毒液都要致命。

秃鹰

锐利的目光使得秃鹰稳坐“一流捕食者”的宝座。它在空中飞翔，搜寻着地面上的猎物，随后猛扑而下，用锋利的爪子抓住猎物。

狮子

团队合作是狮子屡战屡胜的关键。狮群中的每个个体都会通力合作去猎捕像斑马这样的猎物，但是，狮子狩猎的成功率仅为20%。

北极熊

北极熊雪白的毛皮在冰天雪地中是极好的伪装。它会在冰缝旁耐心等待，等到鱼、海豹或别的小型哺乳动物经过时再一掌拍下。此外，它也会游非常远的距离去觅食。

人类

作为“超级捕食者”，人类能利用各种工具与先进科技，以自然界不可能有的速度及规模捕猎。没有任何一种动物能与人类相媲美。

科莫多巨蜥

科莫多巨蜥是世界上体形最大的蜥蜴，它的身体就是一件致命的武器。强有力的尾巴、锋利的爪子和有毒性的唾液，让它可以战胜体形远超自身的猎物。然而，科莫多巨蜥并非总要狩猎，有时也会以动物的腐肉为食。

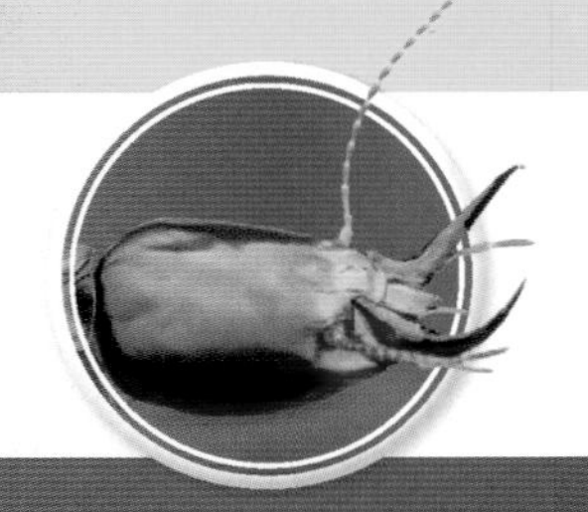

白蚁

白蚁又名虫尉、大水蚁，这种昆虫可是“团队协作大师”。白蚁族群数量庞大，会通力协作建造宏伟的巢穴。它会利用泥土、唾液甚至是自己的排泄物堆砌起小山似的巢穴，这个巢穴甚至可达7米高，比一头长颈鹿还要高！

世界真奇妙！

白蚁群由蚁后领导，蚁后一天能产3万枚卵！

超级数据

名称：白蚁

寿命：蚁后寿命可长达15年

身长：工蚁3至20毫米、蚁后可长达13厘米

体重：不足17克

食物：植物，或是它们自己培养出的真菌

栖息地：草原

主要分布：世界各地气候温和的区域

发光虫

发光虫实际上是一种会发光的甲虫！这种天生发光的能力被称作“生物发光”，它利用这种光亮来与同类在夜间进行交流。为了吸引异性，雌发光虫能够发出更明亮的光线。

世界真奇妙！

成年发光虫只有几周的寿命，在这几周内它不吃不喝，专心繁育后代。

没有口器

分节的身体

成年雌性发光虫外形和其幼虫很像，但是没有幼虫每节身体边缘上的红色斑点

“生物发光”的光源在腹部

雌性能达到2厘米长

超级数据

名称：发光虫

寿命：2至5天

身长：约1.5至2.5厘米

体重：约4.5克

食物：成虫不吃任何东西，幼虫期以蛞蝓和蜗牛为食

栖息地：洞穴、草原和林地

主要分布：非洲、欧洲、亚洲以及中美洲

金色甲虫

超级数据

名称：金色甲虫
寿命：成虫约3个月
身长：3厘米
体重：不详
食物：树叶
栖息地：高海拔热带森林
主要分布：中美洲

稀有的金色甲虫散发着金属般的光泽，这是因为它的身体能反射光线，正因如此，它又被称作金色圣甲虫和金色龟甲虫。它栖息在中美洲群山中的云雾森林，这是世界上最潮湿的地方。

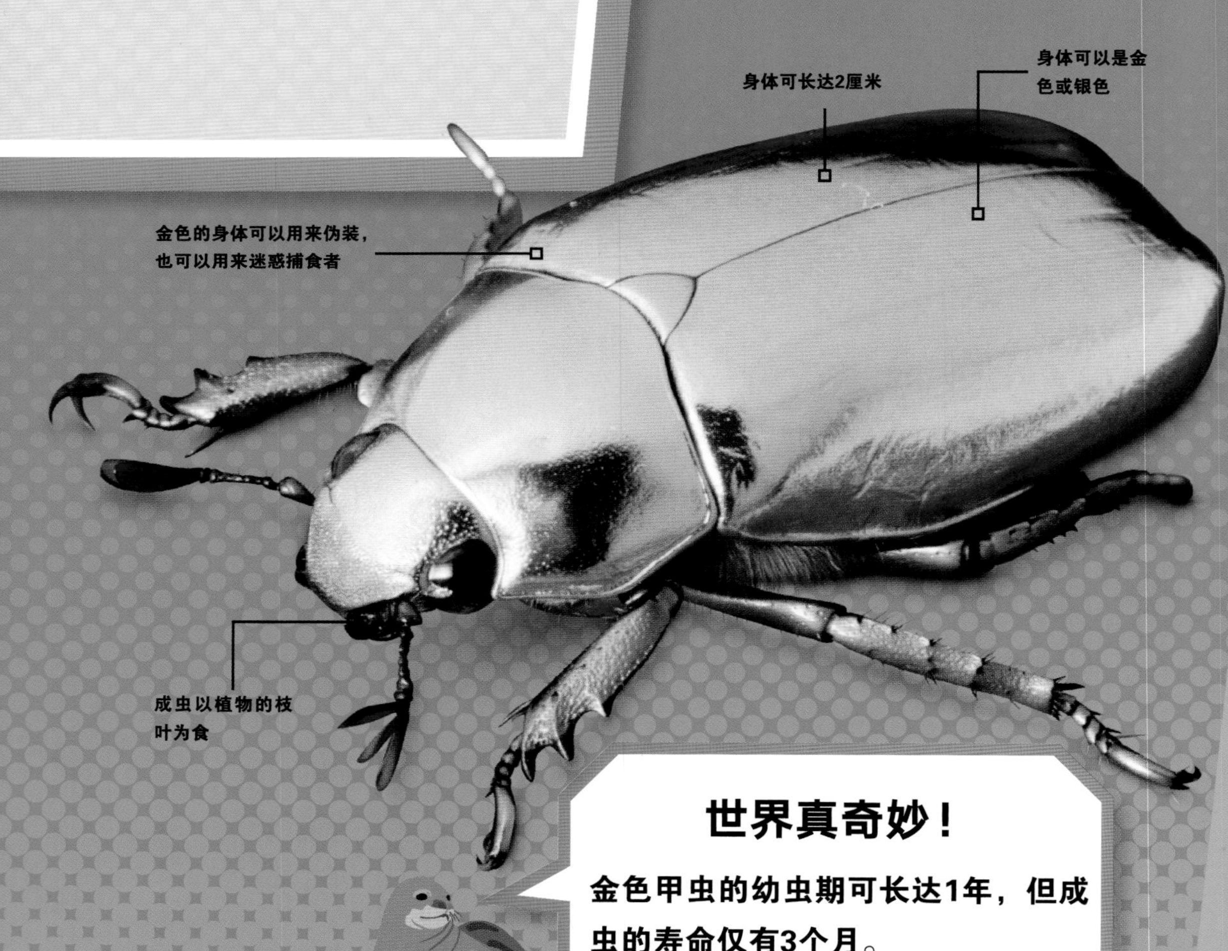

世界真奇妙！

金色甲虫的幼虫期可长达1年，但成虫的寿命仅有3个月。

红斑寇蛛

红斑寇蛛又被称作黑寡妇蜘蛛，其毒液比响尾蛇强15倍，但它并不是世界上毒性最强的蜘蛛（目前公认毒性最强的蜘蛛是澳大利亚的漏斗网蜘蛛）。只有雌性红斑寇蛛才具有毒性。

世界真奇妙！

红斑寇蛛获得“黑寡妇”这一别称，是因为雌性与雄性交配后，雌性会把雄性吃掉。

超级数据

名称：红斑寇蛛

寿命：1至3年

身长：约4厘米

体重：约1克

食物：苍蝇、蚊子、蚱蜢、甲虫和毛毛虫

栖息地：温带地区

主要分布：南极洲以外的世界各地

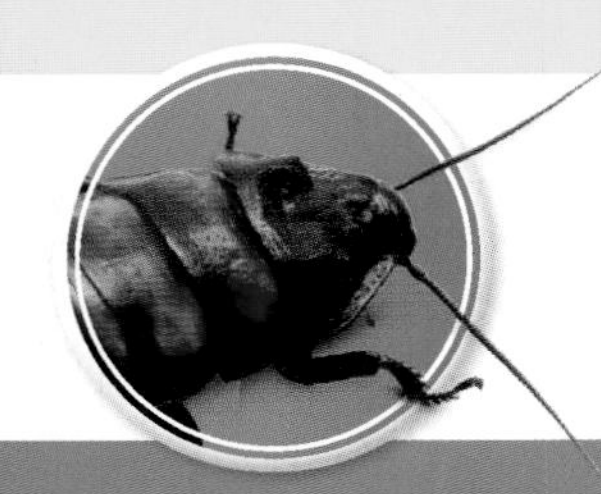

蜚蠊

蜚蠊俗称蟑螂，它已经在地球上生活了近3.2亿年，并已经习惯生活在温暖的环境当中，无论是热带地区，还是人类城市中有集中供暖的房屋。蜚蠊有夜间活动的习性，喜欢以腐烂的植物和动物为食。

世界真奇妙！

蜚蠊酷爱以厨余垃圾为食，所以常常被发现躲藏在人类城市中的厨房或垃圾桶周围。

超级数据

名称：蜚蠊

寿命：成体能存活1.5年

身长：5厘米

体重：不详

食物：几乎任何食物，偏爱肉类

栖息地：在存放着人类食品的屋子里或屋子外

主要分布：世界各地

蝉

蝉又被称作知了、知了龟、知了猴，它是世界上最吵闹的昆虫，大多数时间都生活在地下，只有在交配和繁衍的时候才会回到地表。雄性振动肚皮两边的“鼓垫”来吸引异性，振动发出的声音1.5千米外都能听到。

短短的触角

短小而紧凑的身体

蝉可以凭借棕或深绿的体色在树上进行伪装

雄蝉才长有翅膀

世界真奇妙！

非洲蝉发出的声音可达106.7分贝，这比一台除草机的噪音还要大。

超级数据

名称：蝉
寿命：17年
身长：1.9至5.7厘米
体重：不详
食物：树根部的汁液、树上的细枝和树杈
栖息地：热带沙漠、草原和森林
主要分布：世界各地

帝王蝎

帝王蝎又被称作皇帝蝎、帝蝎、将军巨蝎等，它那硕大的钳子让自己看起来就像是一只龙虾。事实上，它是一种八足蛛形纲动物，和蜘蛛差不多是一家人。虽然它是所有蝎子中最大的，但其尾部的尖刺却与蜜蜂无异。

世界真奇妙！

蝎子可直接产下活蹦乱跳的幼崽，蝎子妈妈会照顾着这些体色较浅的孩子，直到它们长大能照顾自己。

超级数据

名称：帝王蝎
寿命：人工养殖条件下5至8年
身长：20厘米
体重：不详
食物：小动物
栖息地：森林的地面上
主要分布：非洲西部

土耳其黑肥尾蝎

尽管土耳其黑肥尾蝎不是世界上最大的蝎子，但它确确实实是最致命的。它那宽大的尾巴（它也得名于此）能对猎物造成致命伤害。它的猎物种类繁多，包括蟠虫、蜱虫、甲虫、蜘蛛、蚯蚓、蜥蜴、千足虫，甚至老鼠。

超级数据

名称：土耳其黑肥尾蝎
寿命：3至8年
身长：10厘米
体重：0.5至5克
食物：小动物，比如昆虫及它们的幼虫，还有老鼠
栖息地：沙漠和半荒漠地区
主要分布：非洲北部和亚洲西部

世界真奇妙！

土耳其黑肥尾蝎喜欢生活在老旧的建筑物废墟中。

银背大角花金龟

银背大角花金龟是世界上最重的昆虫，它天生神力，能举起相当于自身体重850倍的重物！同时，它也是体形最大的昆虫之一，体长可达10厘米，就跟你的手掌差不多大。

超级数据

名称：银背大角花金龟
寿命：不详
身长：5.5至10厘米
体重：80至100克
食物：水果、腐烂的树叶、树皮、树木的汁液
栖息地：腐败的植物里
主要分布：赤道附近的非洲国家

世界真奇妙！

银背大角花金龟幼虫很重，可达100克，大约是两只高尔夫球的重量。

达尔文甲虫

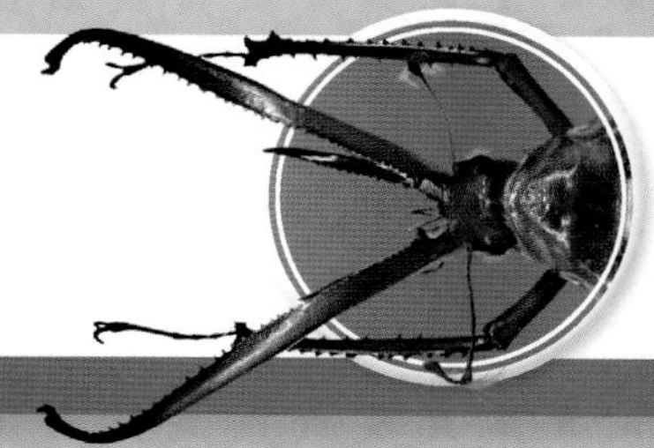

这只长着角的甲虫是被英国生物学家查尔斯·达尔文于19世纪发现、命名的。他在1832年前后在阿根廷收集到了“达尔文甲虫”标本，后来不小心丢失了。2008年，“达尔文甲虫”标本再一次被人们发现，但这种生物过于稀少，生物学家们认为它可能已经灭绝了。

世界真奇妙！

传说这只甲虫当时把达尔文咬了一口。虽然它有着巨大的“钳子”，但咬合力很弱，所以不会对人造成严重的伤害。

超级数据

名称：达尔文甲虫
寿命：不详
身长：60至90毫米
体重：不详
食物：幼虫以腐木为食，成虫以树木的汁液为食
栖息地：温带和亚南极区森林
主要分布：阿根廷和智利

马达加斯加彗尾蛾

马达加斯加彗尾蛾又被称作马达加斯加月蛾。它的幼虫期很长，幼虫期时它几乎每天都在啃食树叶。成虫只能存活约一周——这是用来交配繁衍的一周。因为许多卵会被鸟类天敌吃掉，所以雌性会产多达150枚卵。

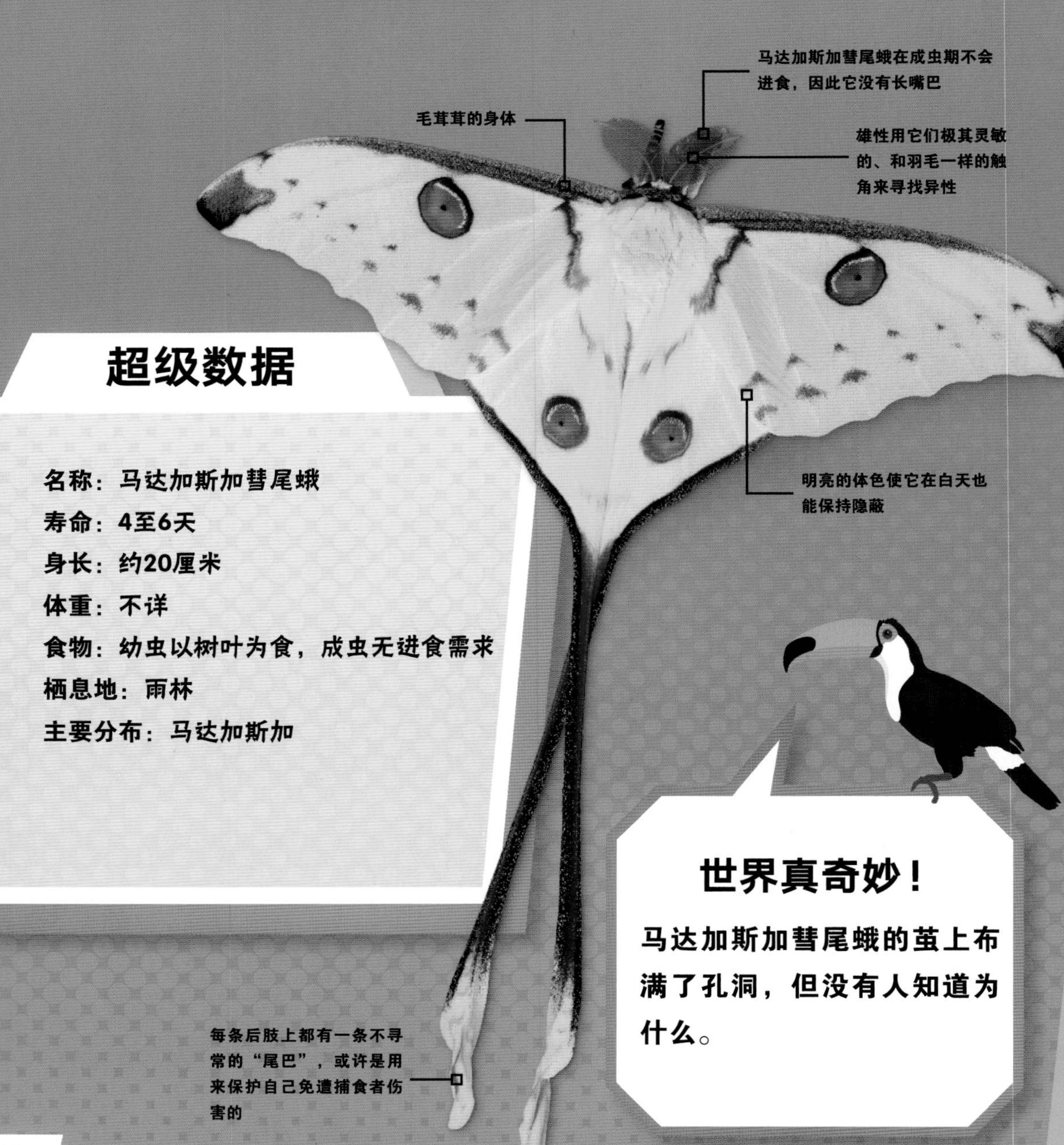

超级数据

名称：马达加斯加彗尾蛾
寿命：4至6天
身长：约20厘米
体重：不详
食物：幼虫以树叶为食，成虫无进食需求
栖息地：雨林
主要分布：马达加斯加

世界真奇妙！

马达加斯加彗尾蛾的茧上布满了孔洞，但没有人知道为什么。

长颈鹿象鼻虫

从外形便不难猜出它为什么叫这个名字——它很像长颈鹿，有着长长的脖子。雄性会用这条长脖子与别的雄性争斗以赢得雌性的青睐；雌性会用长脖子把树叶卷在卵的周围，这样幼虫孵化后就马上有食物啦。

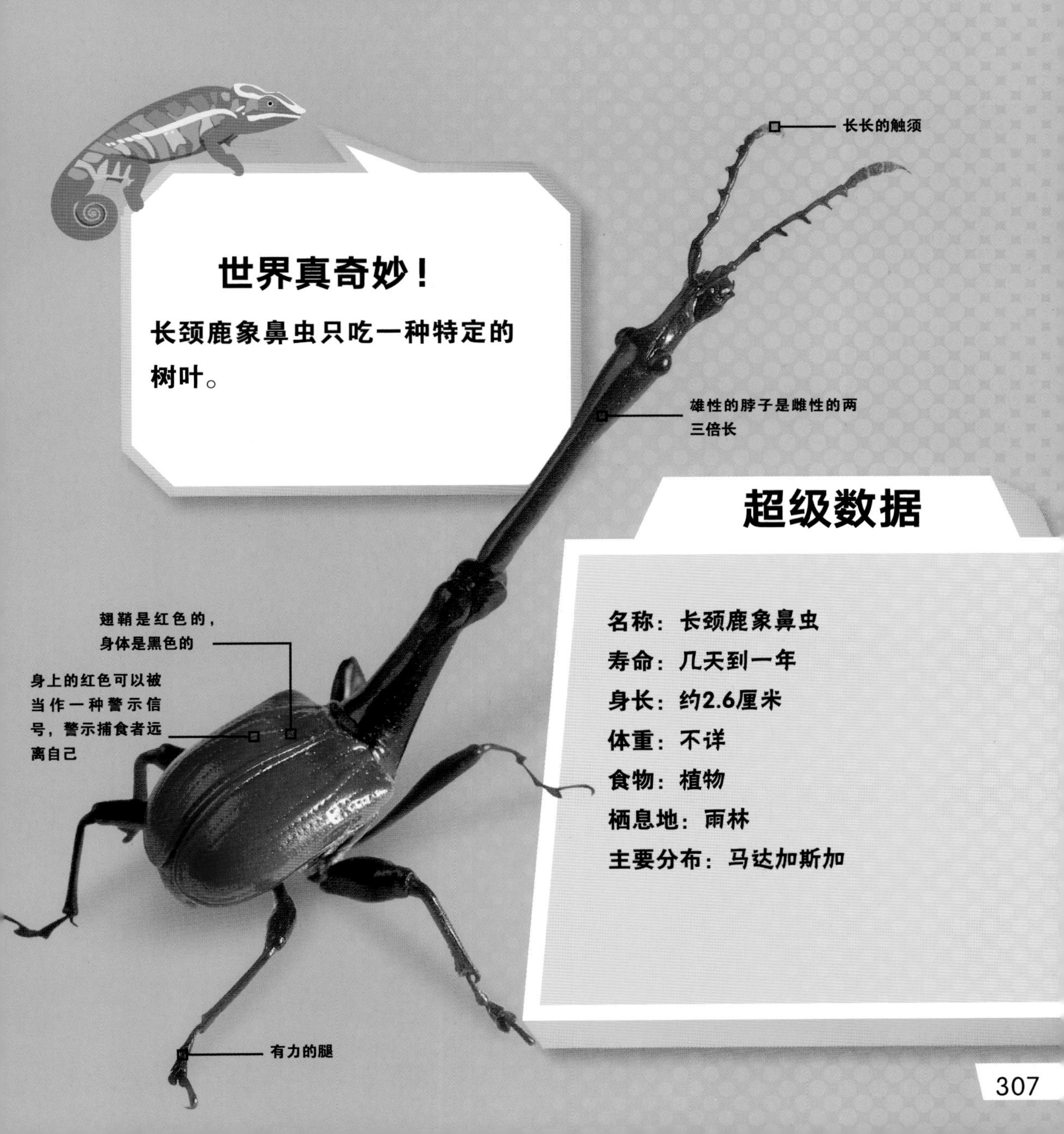

世界真奇妙！

长颈鹿象鼻虫只吃一种特定的树叶。

超级数据

名称：长颈鹿象鼻虫
寿命：几天到一年
身长：约2.6厘米
体重：不详
食物：植物
栖息地：雨林
主要分布：马达加斯加

美洲大赤鱿

美洲大赤鱿是海洋中最活泼的鱿鱼，居住在太平洋海域，成群结队地捕鱼，通常一群美洲大赤鱿的数量可达数千只。心情烦躁的时候，它会变得全身通红，甚至会攻击同伴。

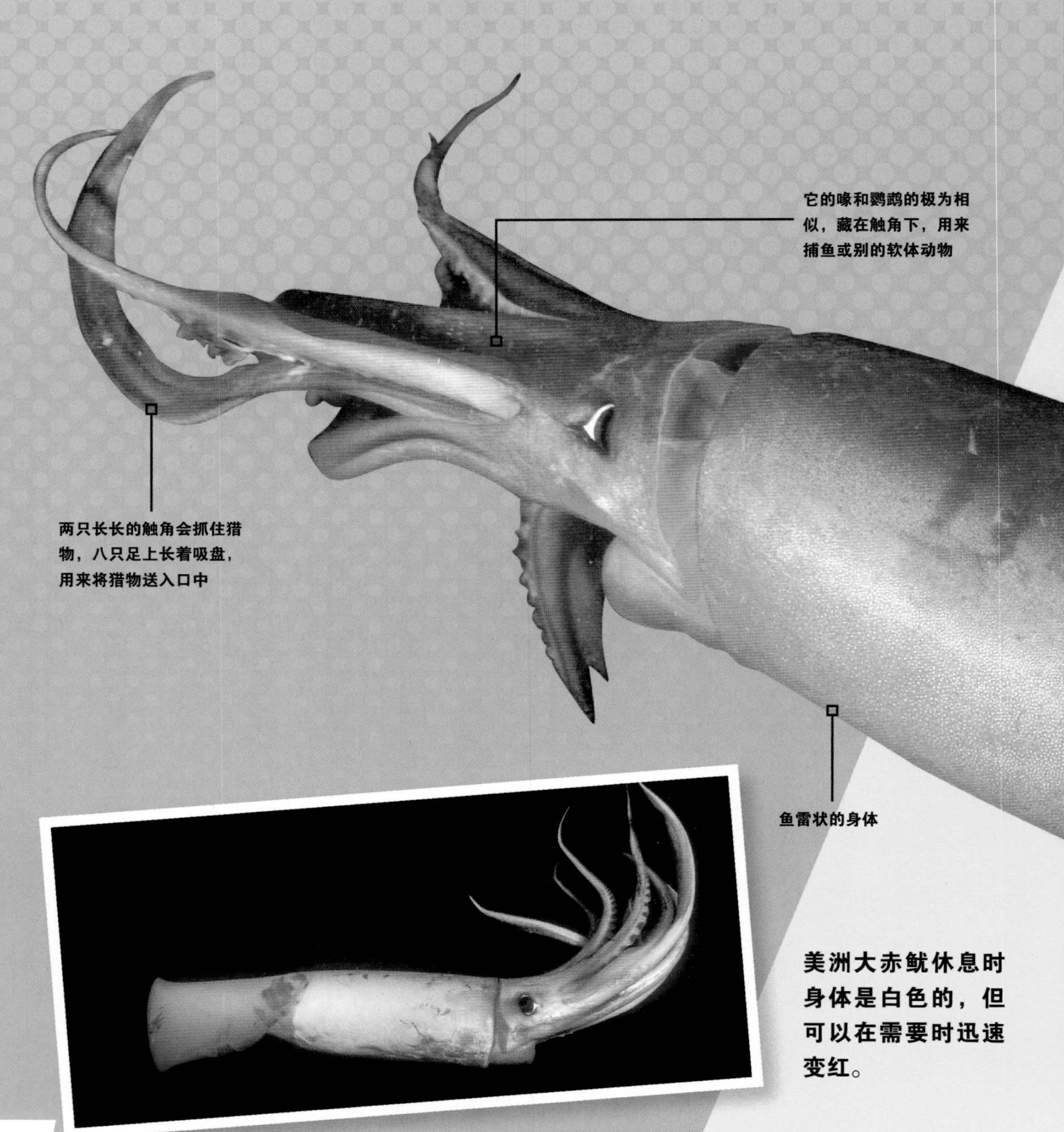

美洲大赤鱿休息时身体是白色的，但可以在需要时迅速变红。

超级数据

名称：美洲大赤鱿
寿命：约1年
身长：2米
体重：50千克
食物：别的鱿鱼、甲壳动物、鱼
栖息地：海洋
主要分布：东太平洋海域

世界真奇妙！

美洲大赤鱿的大脑像一只环形的甜甜圈，长在从嘴巴到消化系统之间的通道周围。

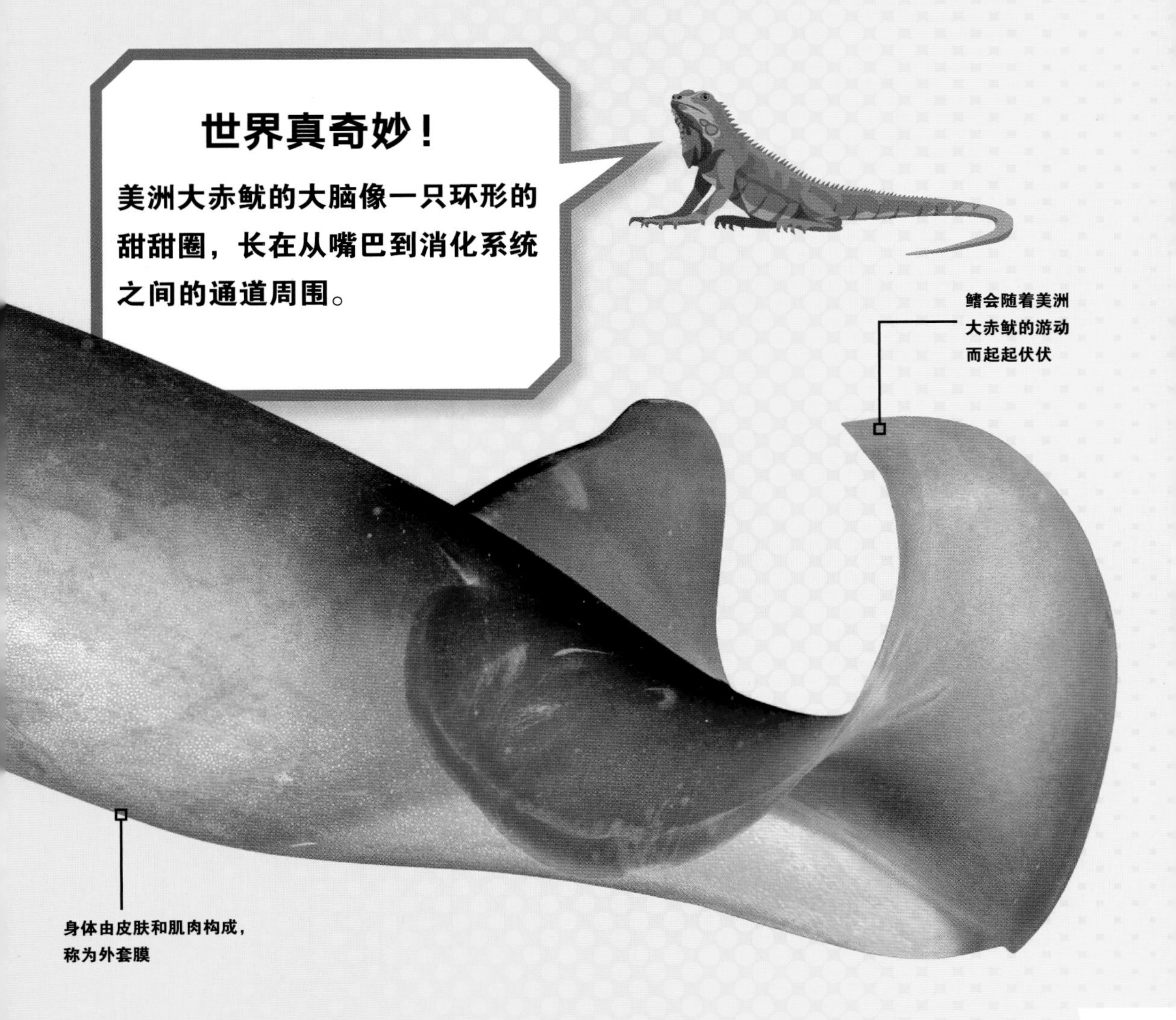

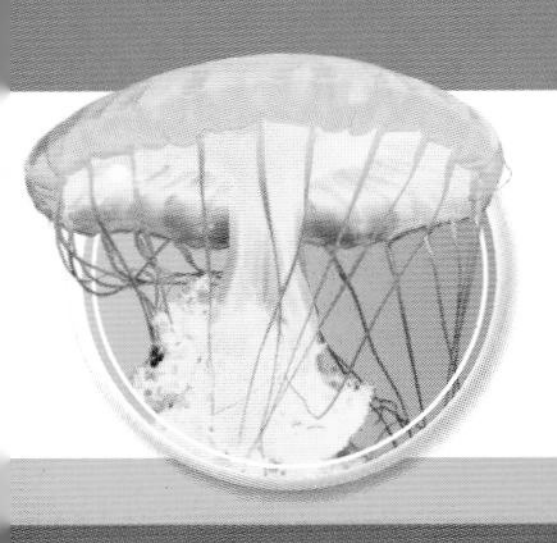

太平洋黄金水母

太平洋黄金水母身形巨大，皮肤金黄，虽然它会游泳，但大多数时间还是随波逐流。除此以外，它还能用长长的、带刺的触须麻痹猎物，然后将猎物卷进自己钟形的身体里吃掉。

世界真奇妙！

虽然太平洋黄金水母可以给鱼类带来刺痛，但是鱼类却仍旧可以将太平洋黄金水母吃掉。

24条长长的、红色的触角，每一根上面都有数百万个刺细胞

果冻质地的钟形身体

触角能紧紧地卷住猎物

超级数据

名称：太平洋黄金水母

寿命：1年

身长：身体直径可达76厘米

体重：不详

食物：浮游生物和别的水母

栖息地：海洋

主要分布：北太平洋

蓝环章鱼

蓝环章鱼又名蓝圈八爪鱼，它是海洋中毒性最强的动物之一。毒液蕴含在唾液中。蓝环章鱼要么直接上去咬住猎物，比如甲壳纲动物或者小鱼；要么就直接将毒液释放在海水中，静等猎物上钩。

超级数据

名称：蓝环章鱼
寿命：2年
身长：12至22厘米
体重：通常可重达100克
食物：小鱼，螃蟹、虾和其他甲壳动物
栖息地：浅礁、布满岩石的水域以及热带海洋的海岸
主要分布：亚洲处于热带的国家、日本、新几内亚和澳大利亚

世界真奇妙！

蓝环章鱼的“环”能有规律地一张一合以吓退捕食者。

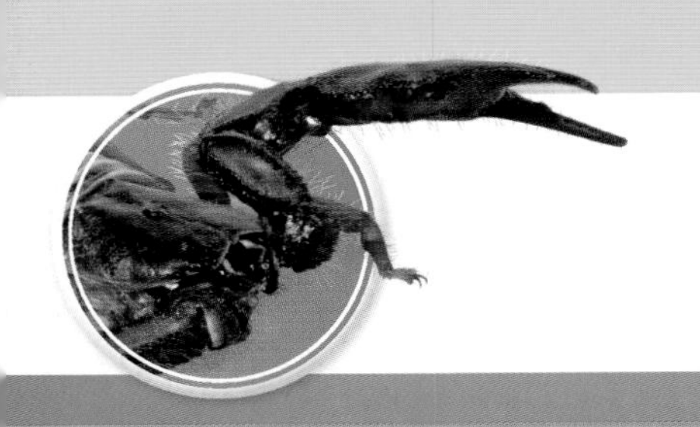

南非扁石蝎

南非扁石蝎有一个很聪明的技能，不但能躲避敌人，还能躲避沙漠中酷热的温度——把自己挤进石头缝里。到晚上凉爽时，它才会出来捕食小昆虫或别的蝎子。

长长的细尾巴的末端长着一根刺

扁平的身体

宽大、扁平的头

身体大约20厘米长，是世界上最长的蝎子之一

弯曲的爪子也能使它不会在石头上打滑

八条腿上覆盖着细细的毛，使南非扁石蝎有额外的抓地力

长长的、有力的钳子能抓住猎物，并将它们撕碎

超级数据

名称： 南非扁石蝎

寿命： 不详

身长： 10至18厘米

体重： 32克

食物： 别的蝎子、蜘蛛和昆虫

栖息地： 岩石或灌木丛的缝隙当中

主要分布： 博茨瓦纳、莫桑比克、南非、津巴布韦

世界真奇妙！

尽管尾巴上的尖刺有毒，但是它几乎用不到尖刺。它有力的钳子不论进攻、防守，都是一个更优选项。

以色列金蝎

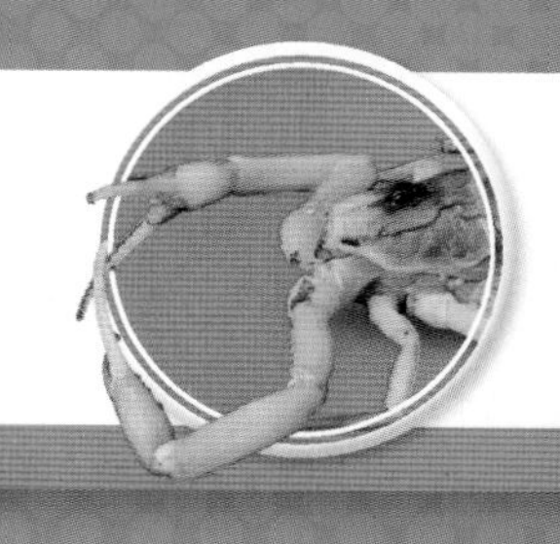

以色列金蝎又被称作以色列杀人蝎或中东金蝎。它是夜行性动物，通常躲藏在岩石下或石缝中，有时甚至藏在别的动物遗弃的洞穴中。它体形很小，甚至都没有你的手大，但是它的毒液是所有蝎子中毒性最强的。

超级数据

名称：以色列金蝎
寿命：35年
身长：8至11厘米
体重：1至2.5克
食物：昆虫、蜈蚣、蜘蛛和别的蝎子
栖息地：有石头的沙漠
主要分布：非洲北部

世界真奇妙！

以色列金蝎的毒液对人类有些许益处，人们正在研究其中的化学成分能否治愈类似癌症这样的疾病。

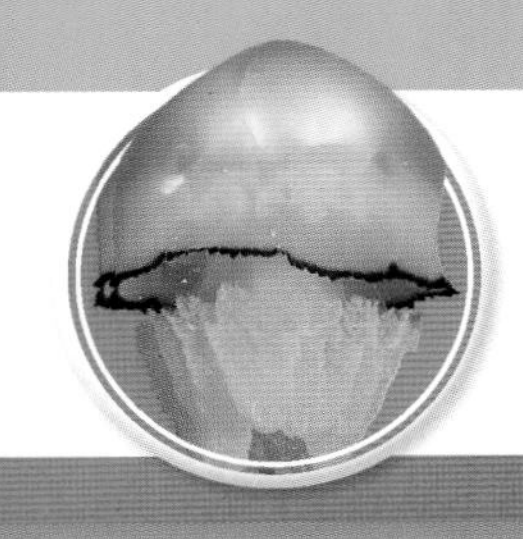

褐色根口水母

这些巨大的水母可以长到1.5米长，大约和一个12岁少年的身高一样。尽管体形庞大，但褐色根口水母的刺是很柔软的，它只吃微小的浮游生物和小鱼。

内含带感官的紫色“刘海”

八只镶着褶边的触角

世界真奇妙！

褐色根口水母最初是一种被称为浮浪幼体的微型生物。

超级数据

名称：褐色根口水母
寿命：2至6个月
身长：最长可达1.5米
体重：最重可达35千克
食物：浮游生物及小鱼
栖息地：热带及温带水域
主要分布：世界各地

皇冠水母

皇冠水母，又名花椰菜水母、加冕水母。它的名字来源于身上不寻常的凹槽，这使它看起来犹如一个王冠（又像是花椰菜一样）。

超级数据

名称：皇冠水母
寿命：最长可达6月
身长：不详
体重：3至10千克
食物：以螃蟹、小龙虾和软体动物为食
栖息地：海洋
主要分布：世界各大洋

蜡蛾

许多飞蛾都有着让人惊讶的听力，但体形更大的蜡蛾的听力能胜过所有其他飞蛾。它们叫声的频率非常高，所以接收到的声波频率也非常高——大蜡蛾能听到高达30万赫兹的频率！相比之下，你只能听到20至2万赫兹的声音。

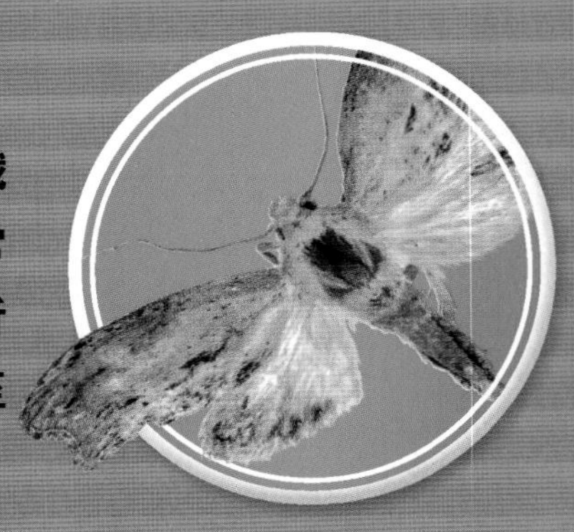

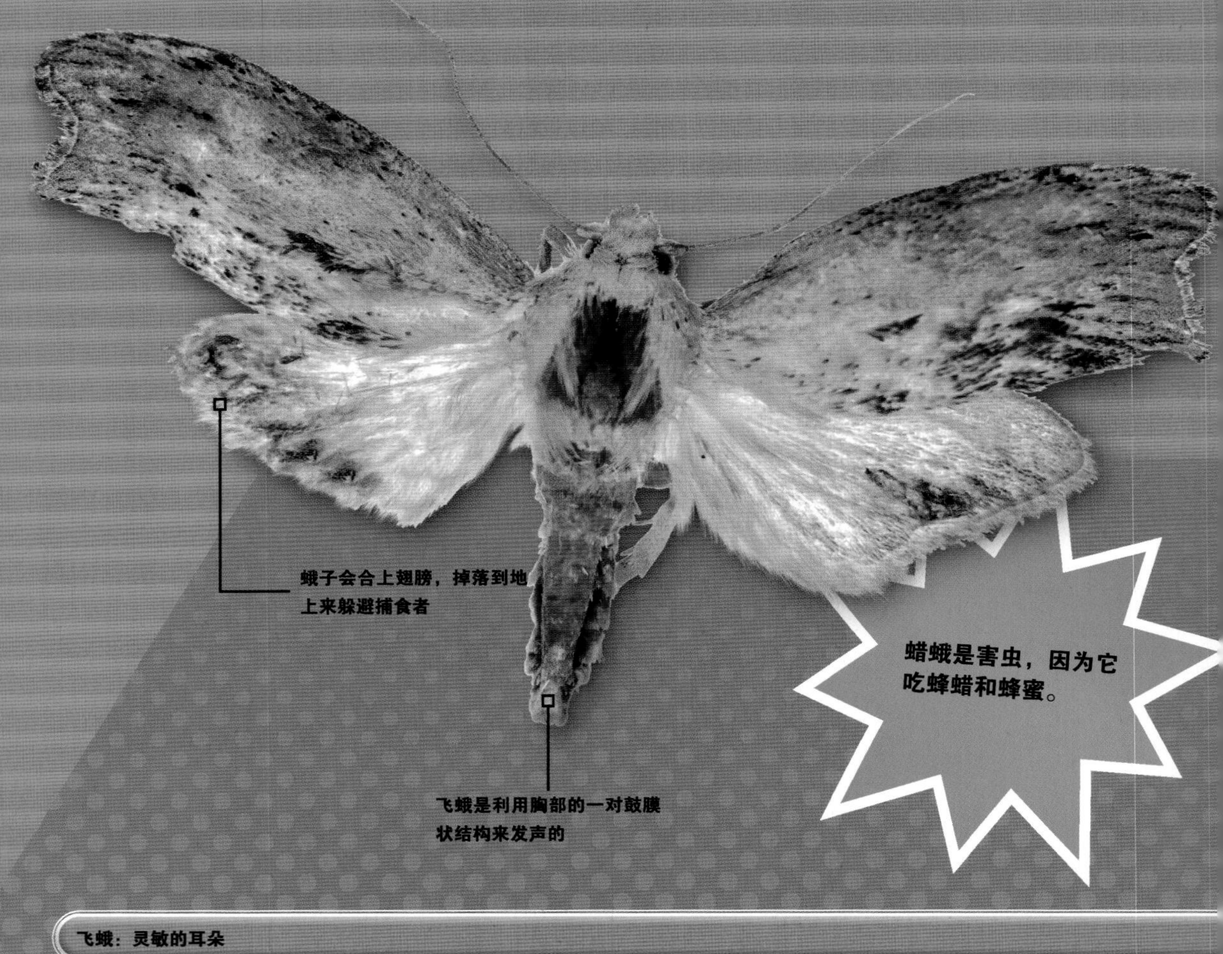

飞蛾：灵敏的耳朵

巅峰对决！

蝙蝠发出的声波频率实在太高了，人类根本听不到。这种声音会从猎物（如飞蛾）身上反射回来，然后传到蝙蝠的耳朵里，帮助它确定猎物的位置。飞蛾也可以听到蝙蝠的声音。那么这两种动物中哪一种动物的耳朵更为灵敏呢？

蝙蝠

蝙蝠是活跃于夜间的动物，它利用特殊的发声和听觉能力——“听声辨位”在夜间捕食。这项技能不仅能用声波来寻找猎物，还能用声波来了解周围的情况，类似导航。

谁会胜出？

蝙蝠拥有超级敏锐的听觉，但胜出的是体形更大的蜡蛾。从目前的研究结果看，蝙蝠的听觉只能达到20万赫兹。蜡蛾出色的听觉让它在夜间被追捕时能够全身而退。

伪装的昆虫

动物会用很多方法来保护自己免受捕食者的伤害，比如速度、毒液、盔甲、颜色或气味。但最原始、最聪明且最有效的方法可能就是躲藏起来。一部分昆虫进化出了让人不可思议的伪装。你能辨别出它们吗？

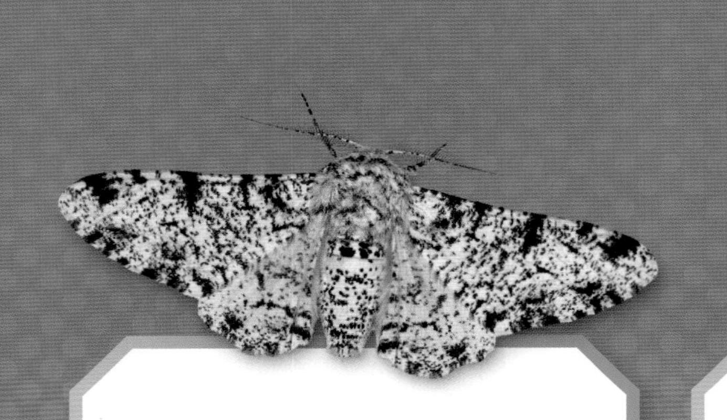

椒花蛾

这种昆虫能和浅色的树木及地衣完美地融合在一起，这全都要归功于它黑白相间的斑纹。

枯叶蛱蝶

这种蝴蝶翅膀两侧暗淡的色泽为它提供了极好的伪装。棕色与黑色的斑纹让它看起来犹如枯叶一般。

兰花螳螂

这种昆虫是不会躲避捕食者的，它会把自己伪装成一朵花，以此来迷惑捕食者。当饥饿的采蜜者靠近它时，兰花螳螂就会向猎物发起攻击。

巨型燕尾蝶

未成年的巨型燕尾蝶掌握着一个很棒的躲避捕食者的技巧——它会把自己伪装成一坨鸟粪。

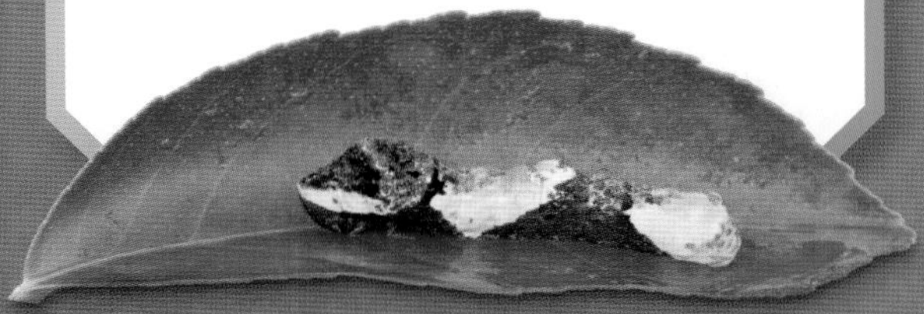

竹节虫

伪装成树枝或树叶是一个很不错的计划，至少有3,000种昆虫都在实行这项计划。有些昆虫真的能随风摇曳，或者产下看起来犹如种子一般的卵。

食蚜蝇

这种无害的昆虫会把自己伪装得像黄蜂一样。这样能够吓跑那些不想被黄蜂蜇到的捕食者！

刺客虫

刺客虫会背着其他昆虫的尸体来伪装自己。然而这可能不是最明智的做法，因为这样有时会更加吸引捕食者，比如蜘蛛。

欧洲龙虾

这种甲壳动物最长能长到1米，而且跑得特别快。它在海底快速地行进，用巨大的爪子捕捉较小的无脊椎动物。

世界真奇妙！

如果欧洲龙虾失去了一只爪子、一条腿或是一根触角，它是可以再长出来的。

超级数据

名称：欧洲龙虾
寿命：70年以上
身长：最长可达60厘米
体重：9.3千克
食物：海洋无脊椎动物
栖息地：岩石海床上的裂缝
主要分布：东大西洋

拟态章鱼

这种动物会用一种巧妙的方法来躲避捕食者。拟态章鱼能够改变自己的颜色、形状和行为来模仿一系列的海洋生物——从海蛇到螃蟹都可以模仿。

超级数据

名称：拟态章鱼
寿命：不详
身长：最长可达60厘米
体重：不详
食物：小型甲壳动物和鱼类
栖息地：水质浑浊的河底和河口底
主要分布：印度洋和太平洋

棕白色的条纹

拟态章鱼身长约为60厘米

八条又细又长的腕

世界真奇妙！

和其他章鱼一样，拟态章鱼共有三个心脏。

具缘两鳍蛸

具缘两鳍蛸也被称为脉纹章鱼和椰子章鱼，它可能是头足类动物家族中最聪明的成员了。在沙质海底“行走”时，它会把椰子壳当作盔甲。如果没有椰子壳的话，它也会用蛤壳来为自己遮风挡雨。

世界真奇妙！

椰子章鱼也很擅长隐藏。它会把整个身体都藏在海底的沙子下面，只把眼睛露在外面。

超级数据

名称：具缘两鳍蛸

寿命：3至5年

身长：15厘米

体重：约400克

食物：螃蟹、蛤和虾

栖息地：在浅海的沙子和泥土中

主要分布：印度洋、西太平洋和红海

狮鬃水母

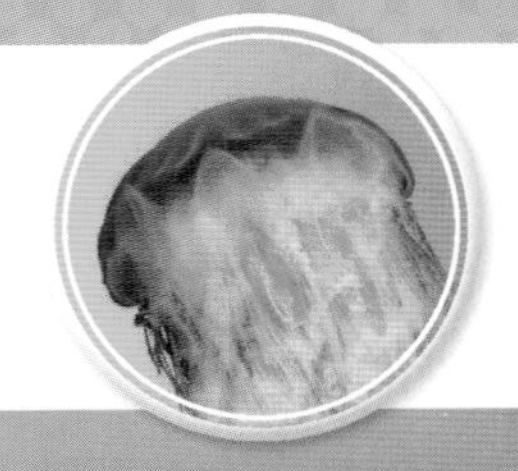

狮鬃水母是世界上最大的水母之一，它的身体大约有汽车的一半大。它会游泳，但通常只是随着水流漂动，任何被困在它长而带刺的触角里的动物都是它的食物。

这种水母因长长的毛状的触手组成的金色的“鬃毛”而得名

算上触角的长度，最大的狮鬃水母比蓝鲸还要长

它的身体呈钟的形状，宽约为2米

这些“口腕”是一种特殊的触手，可以把猎物送到狮鬃水母的嘴里

世界真奇妙！

狮鬃水母可以在黑暗的水下发光，这种行为被称为“生物发光”。

超级数据

名称：狮鬃水母

寿命：会在成年的一年之后死亡

身长：钟状部分最长可达2.3米宽，触手部分最长可达37米

体重：约90千克

食物：鱼类和其他水母

栖息地：寒冷的海域

主要分布：北大西洋和北太平洋

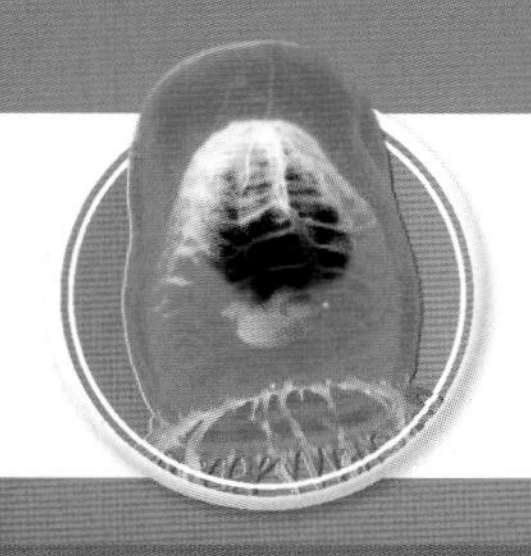

箱水母

箱水母，又名立方水母。这种水母不是最大的水母，但却是海洋中最危险的生物之一。它触须上的“毒镖”含有起效极快的毒液，能让猎物昏迷或死亡。

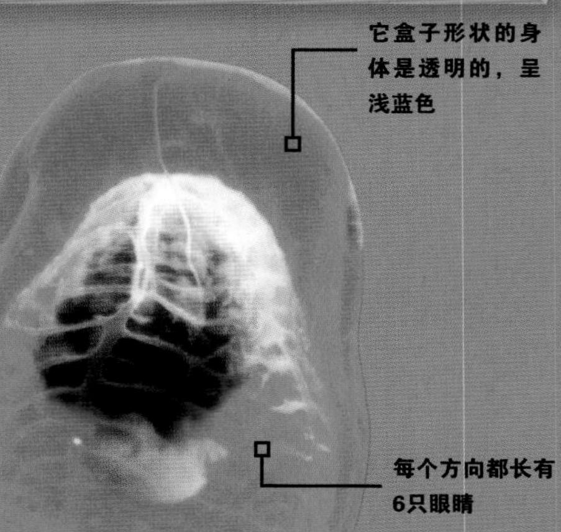

超级数据

名称：箱水母
寿命：约12个月
身长：钟状部分最宽可达30厘米，触手部分最长可达3米
体重：最重可达2千克
食物：鱼和其他浮游生物
栖息地：热带和亚热带的开放海域
主要分布：世界各地

世界真奇妙！

箱水母也被称为海黄蜂，它的刺具有攻击性，对人类而言是非常危险的。

烟灰蛸

烟灰蛸，又名深海小飞象。这种章鱼因一部著名的电影《小飞象》而得名。烟灰蛸用它的耳朵在海里“飞行”，用耳朵状的鳍游泳和悬浮在海底。它两臂之间的蹼也能够帮助它游泳和前进。

超级数据

名称：烟灰蛸

寿命：3至5年

身长：最长可达48厘米

体重：最重可达5.9千克

食物：桡足类动物、等足类动物、鬃虫和片足类动物

栖息地：深海水域

主要分布：北大西洋和北太平洋

它身长约为20厘米，比天竺鼠的身长略长一点

它的颜色通常是淡黄色、橙色或红色的，可以通过改变自身的颜色融入周围的环境

像耳朵一样的鳍附着在身体的两侧

它长有8条短臂，中间部位还长有蹼

它能一口将猎物整个吞进肚子

世界真奇妙！

深海小飞象生活在深海约4千米处，它被认为是世界上栖息深度最深的章鱼。

蜕变

哺乳动物、爬行动物和鸟类出生时看起来就像迷你版的成年动物一样，然后会随着年龄的增长而成长。许多无脊椎动物和两栖动物出生时看起来却很不一样，它们的身体经历了一种叫作蜕变的过程，在这个过程中它们的身体会发生非常显著的变化。

瓢虫

如七星瓢虫这样的甲虫也是会经历蜕变的。它一开始会从卵孵化成幼虫，称为若虫。这些若虫是棕灰色的，身体上长有明亮的橙色斑点。大约在一个月后，若虫变为蛹，一周后，黄色的成虫就出现了。随着时间的推移，成虫会长出黑红色的斑点。

世界真奇妙！

瓢虫的种类大约有5,000种。

蝴蝶

蝴蝶最初是一枚枚小卵，然后长成没有翅膀且只能爬行的幼虫。幼虫一生中大部分时间都在吃东西，这是为成为成虫储存能量。当它快要成年时，幼虫会在自己周围形成一个坚硬的壳，这就是茧。在茧的内部，幼虫会经历戏剧性的蜕变。用不了多久，它就会变成蝴蝶了。

小提琴甲虫

小提琴甲虫是步甲虫的一种。它又大又平的翼盒使得自身轮廓十分独特，就像小提琴一样。扁平的身体使这种甲虫能够生活在狭小的缝隙中。

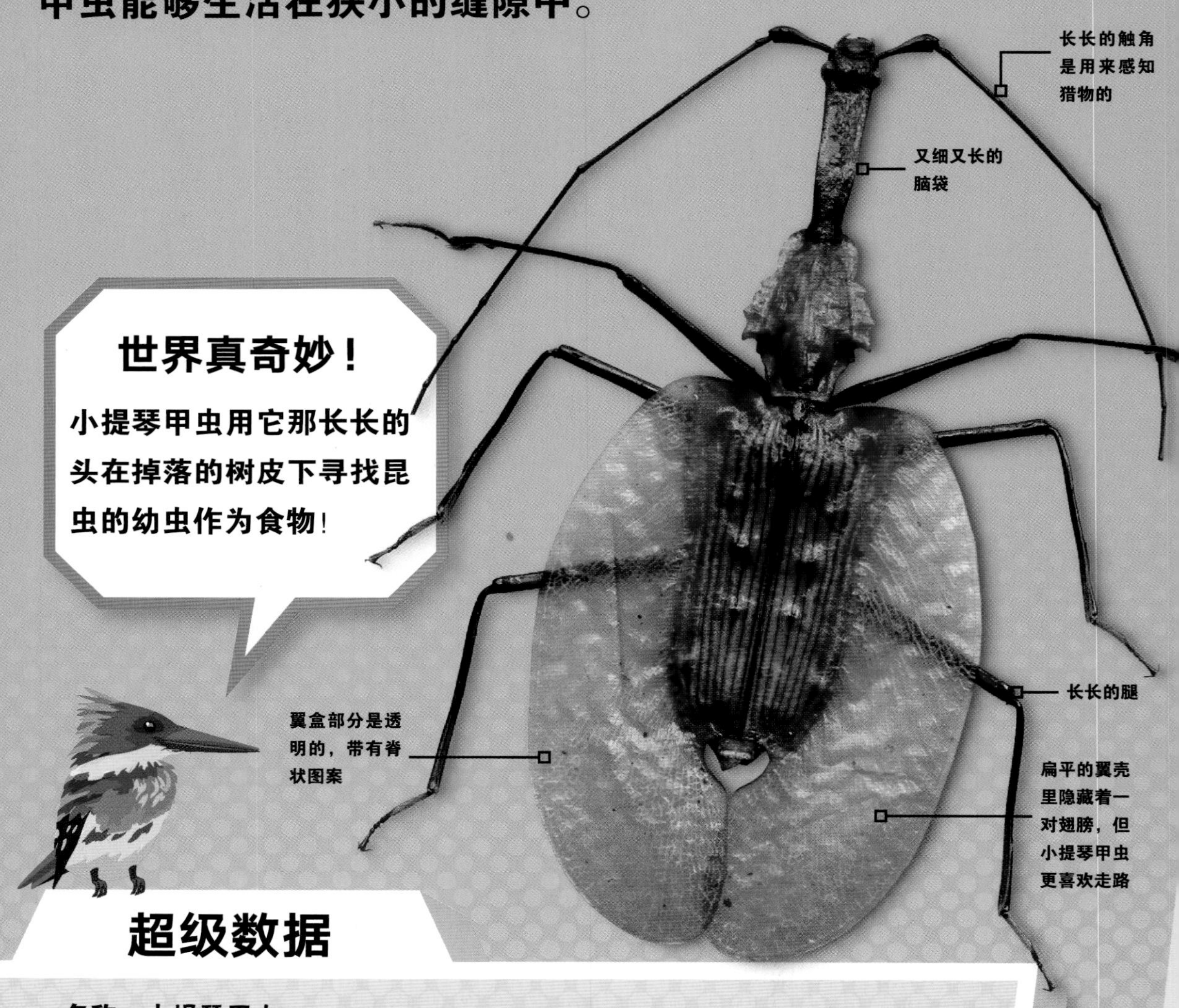

超级数据

名称：小提琴甲虫

寿命：幼虫期长达3年之久，成年期为1年

身长：约10厘米

体重：不详

食物：其他昆虫类和蜗牛类

栖息地：热带雨林

主要分布：东南亚

象鼻虫

象鼻虫是一种体形奇特的甲虫。象鼻虫长有一个又长又弯的鼻子，末端还有一个用来进食的小颚。雌性象鼻虫的鼻子比雄性象鼻虫的长，它会用鼻子钻进橡子里产卵。

超级数据

名称：象鼻虫
寿命：约2.5年
身长：约8毫米
体重：不详
食物：树叶、花朵和坚果
栖息地：森林
主要分布：北美洲、亚洲以及欧洲

世界真奇妙！

象鼻虫的幼虫会在坚果内孵化，然后吃掉坚果。接下来它会在地下挖洞并在洞里长大。

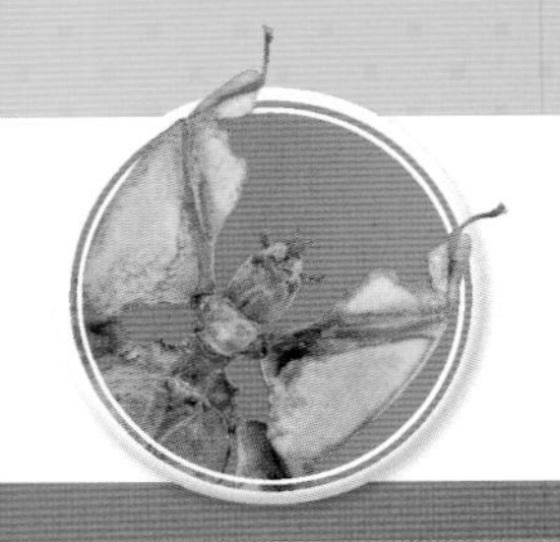

叶虫

叶虫是很难被发现的，因为它看起来很像叶子。虽然这样有助于躲避天敌，但有时它却会被吃叶子的昆虫“误伤”。叶虫生活在热带地区，通常是绿色的，它的色泽会与周围的植被相匹配。

薄翅螳螂

薄翅螳螂，又名欧洲螳螂。它是一种致命的掠食者，会用强有力的尖腿钩住猎物，然后咬下它们的头并吃掉。

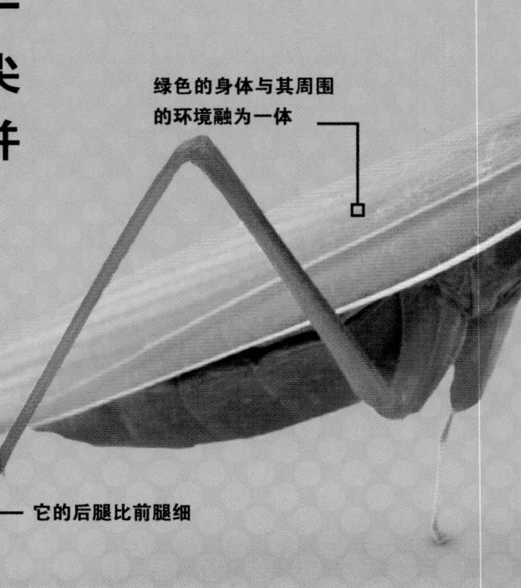

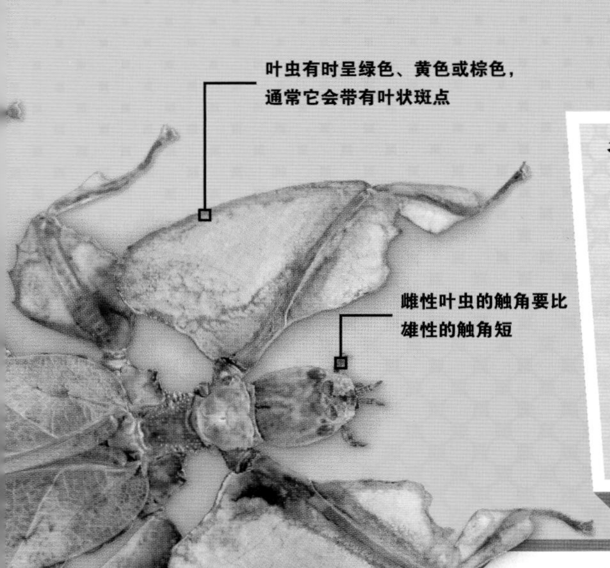

超级数据

名称：叶虫
寿命：最长可达7个月
身长：约10厘米
体重：不详
食物：树叶
栖息地：热带雨林
主要分布：亚洲以及印度洋的岛屿

世界真奇妙！

叶虫也被称为“格雷叶虫”，因为在1832年，英国动物学家乔治·格雷在他的文献中首次描述了这个物种。

长长的触角

它的头可以旋转180度，这样就能看到周围的一切了

面向前方的大眼睛让它能够判断猎物与自身的距离

世界真奇妙！

螳螂是一种耐心的捕食者。它能一动不动地坐上好几个小时，等待猎物进入攻击范围。然后就到狩猎时间了！

超级数据

名称：薄翅螳螂
寿命：人工饲养品种的寿命为1年，野生品种不详
身长：约7.5厘米　体重：约5克
食物：其他昆虫　栖息地：森林
主要分布：欧洲和美国

动物灭绝

人类出现后，地球上有许多动物物种已经灭绝。我们称现存的、有可能灭绝的动物为濒危动物。这一章我们将向你介绍几种有可能导致动物物种灭绝的人类行为。

狩猎

一些动物的价值体现在身体的某个部分上，如动物的角和牙。偷猎者为了得到这些东西去猎杀它们。一些动物因为被捕杀而濒临灭绝，有的已经永远从这个星球上消失了。

犀牛因珍贵的犀牛角被猎杀。有5个品种的犀牛现已濒临灭绝，其中一些已经处于从地球消失的边缘。

污染

人类的活动会将一些危险的化学物质引入大自然，这就是污染物。燃烧燃料会污染空气，掩埋垃圾会将化学物质引入土壤，水资源也会被污水污染。所有的这些都对植物和动物有负面影响。

农民使用杀虫剂杀死吃庄稼的昆虫。然而，杀虫剂也杀死了不吃庄稼的蜜蜂。

小熊猫的数量正在下降，因为它生活的森林正遭砍伐。

滥伐森林

为了给农场提供更多的空地或盖更多房子，很多森林中的树木都被作为木材砍伐。这样的滥砍滥伐破坏了生态环境，曾经居住在森林中的动物现如今正面临无家可归的境地。

鲟鱼的卵可以制成鱼子酱，人们因此而捕杀它。但由于过度猎捕，这个物种已经濒临灭绝。

过度捕捞

鱼是一种可靠的食物来源，过去数千年中，人类一直在捕捉它们。然而，由于人类对它们的过度猎捕，一些鱼类正遭受灭绝的威胁——它们无法繁育足够数量的后代。

美国灰松鼠在19世纪70年代被引入爱尔兰和英国。它几乎取代了本土的红松鼠。

入侵物种

当我们人类环游世界的时候，总会有意无意地传递一些生物，像偷偷溜进船里的生物等。有些“入侵”物种会对当地的“原住民”造成影响，例如它们之间的竞争使“原住民”失去了食物来源。

气候变化

燃烧燃料可以用来发电，或为汽车提供动力，为生活带来温暖。但这一过程会在空气中释放许多气体，这些气体会将热量聚积在地球表面，从而导致全球变暖。全球变暖会带来很多问题，比如冰川融化导致海平面上升从而淹没陆地。

现如今，北美洲附近水域的水温对于龙虾来说太高了，它无法继续在其中生存，不得不向更北方迁徙。

保护动物，人人有责！

世界各地的动物因为人类的种种行为而饱受折磨，但这一切还是有希望挽回的！这里有一些人们试图去拯救动物的对策，这些对策都很容易实践，并能对动物起到很大的帮助作用。

汽车发动机会向空气中排放二氧化碳。

低碳出行！

你的日常活动可能会释放出二氧化碳等一系列会导致全球变暖的气体。你所产生的二氧化碳含量被称为“碳足迹”。有个办法能让你减少你的“碳足迹”，那就是步行出门或骑自行车出门，而不是开车。使用可再生能源为你的家庭供暖也是一种很好的选择。

海洋生物会被塑料袋以及其他塑料垃圾“咬住不放”。

尽量不要使用塑料制品

降解塑料制品需要几千年的时间。正因如此，塑料垃圾才会遍布我们的星球。海洋里也有塑料垃圾。如果动物们吃了它或是被它给缠住的话，最有可能造成的结果就是死亡。尽可能少地使用塑料制品可以减少这一问题。

野生阿拉伯大羚羊（又名阿拉伯羚、阿拉伯直角羚羊、阿拉伯剑羚）于1972年灭绝。在这之后，它被人工饲养起来，并于2009年重新放生至野外。

人工饲养

有时，保护某些野生动物可能为时已晚，但该物种仍然能在动物园或自然保护区中生存，并在人类的帮助下进行繁殖，之后再根据情况选择是否将它们放归野外。

人类为了给棕榈油种植园腾出空间而砍伐红毛猩猩赖以生存的热带雨林，导致它正处于濒临灭绝的状态。

保护热带雨林！

我们身边的许多东西，比如巧克力和肥皂，都含有一种叫作棕榈油的成分。为了种植棕榈树，大片雨林遭到破坏。你可以停止购买含棕榈油的产品，或购买含“可持续棕榈油”的产品以保护雨林。

饲养动物会侵占本属于野生动物的空间。

减少食用肉制品

许多野生动物的森林家园成了农业、牧场开垦的牺牲品。农场里的动物打嗝释放出的气体也可能导致全球变暖，少吃肉制品可以让这些问题得以解决。

16世纪时，野生河狸（又名海狸、海狸貂）就已经在英国灭绝了。而在2009年时，它又被重新引入苏格兰的纳普代尔森林。

再野生化

人类会为了盖房子而开垦土地、砍伐树木，然而这样的行为经常会对野生动物造成影响，有时甚至会导致它们在这片土地上绝迹。一些人认为，“再野生化”这一手段可以帮助动植物重新活跃于这片土地之上，会使那些曾经被迫离开的动物再次回到自己的家园。

术语表

腹部

动物的肚子

两栖动物

冷血动物，皮肤湿润，生活在水中或陆地上，在水中产卵的脊椎动物，如青蛙、蝾螈和蟾蜍

祖先

与现存动物有亲缘关系的、远古时期的动物种类

触角

昆虫用来寻找食物和感觉周围环境的感受器，也被称为感觉器官

蛛形纲

有八条腿和两段身体的动物，如蜘蛛和蝎子

脊椎

在一些动物体内形成的柱状的连接性骨骼，使它们能够站立或坐着，也被称为脊柱

鸟类

一种会下蛋的脊椎动物，有羽毛和喙，通常有飞行能力，如鹦鹉和鸵鸟

伪装

动物融入周围环境而使自己不被发现

甲壳

动物外壳坚硬的外侧部分，如甲壳动物或乌龟的背甲

尸体

动物死后的躯体

食肉动物

以别的动物为食的动物

动物腐肉

被其他动物吃剩下的动物肢体

细胞

组成有机体（动物身体）的最基本单元

化学反应

两个或两个以上的粒子（如原子）发生反应时的过程

分类

按动物的共同特点把它们归为一类的过程

群居动物

生活在一起的同类动物，如蚂蚁

珊瑚礁

五颜六色的海底结构，由海洋动物和小型珊瑚的骨骼组成

甲壳纲动物

有关节和坚硬外壳的动物，如龙虾、螃蟹和虾

背鳍

大多数鱼背部长着的、有助于它们在水中保持直立的身体器官

环境

动物生活的区域及因素

演化

很长一段时间的变化

外骨骼

动物身体外部的骨骼

灭绝

一种动物不再存在了

鱼

生活在水中，用鳃从水中吸取氧气的脊椎动物，如海马、小丑鱼和鲨鱼

叶子

树木或其他植物的叶片

食物链

同一环境下，根据吃掉动物的数量将动物进行划分排序，没有被其他动物吃掉的动物位于顶端

青蛙

一种具有光滑皮肤和用于跳跃的长后腿的两栖动物

腺

产生某种物质的器官，产生的物质可以释放进体内或释放到皮肤上，比如用于给身体降温的汗液

栖息地

动物或植物的家

食草动物

吃植物的动物

冬眠

一些动物在冬季进入类似睡眠的状态，以在食物缺乏时节省能量

角

一些动物头上坚硬的尖状物

无脊椎动物

没有脊椎的动物，如水母、昆虫和章鱼

幼虫

从卵中孵化出来的某种动物的幼崽。幼虫的外形一般与其父母有异，直到成熟才与父母无异

地衣

由真菌和藻类共生在一起形成的有机体

寿命

动物生存的时间

肺

一些动物体内具有的一对器官，将氧气吸入血液，并从血液中排出无用的气体——二氧化碳，通过口腔呼出

哺乳动物

恒温动物，有毛或皮毛，是脊椎动物的一种，能为幼崽提供乳汁，如猿和大象

海生动物

生活在水下的动物

配偶

同一物种（偶尔也会是类似物种）的另一种性别的动物，动物可与之生育后代

软体动物

陆地上和水中有壳的无脊椎动物，如蜗牛

蝾螈

两栖类，有着长尾巴和扁平的身体

营养物质

构成食物以及动物用来生长和修复身体的化学物质

杂食动物

以真菌、植物和其他动物为食的动物

器官

由细胞组成的身体部分，具有特定的功能，如肺

有机体

生物，如动物或植物

氧气

空气和水中发现的一种气体，是动物生存所必需的

瘫痪

动物的肌肉丧失机能，使其部分或整体无法移动

浮游生物

生活在水中的微小动物和植物，它们的移动主要依靠漂流而不是游泳

有毒动物

能够产生有害化学物质，从而伤害或杀死其他动物的动物

猎物

被捕食者猎食的动物

灵长目动物

哺乳纲下的一个目，包括黑猩猩和人类

感受器

接收嗅觉或味觉等感官信息的身体器官

爬行动物

生活在陆地上、皮肤有鳞的冷血脊椎动物，如蜥蜴和蛇

啮齿目动物

哺乳纲下的一个目，包括小鼠和大鼠

火蝾螈

两栖动物，蝾螈的一种

贝类

生活在水中的外壳坚硬的无脊椎动物

淤泥

由水流携带并沉积在河床上的细沙或细土

物种

一群具有某些共同特征的动物，它们通常可以交配和一起养育后代

流线型的

便于在水中或空气中移动的光滑形状

亚热带

位于热带地区附近，气候温暖湿润

温带

介于亚热带和极圈中间的地带，气候比较温和

胸部

动物身体的中间部分，在头部和腹部之间

蟾蜍

一种与青蛙非常相似的两栖动物，但皮肤更干燥，在水里待的时间更短

半透明

可以部分透视

热带

赤道附近的湿热地区

植被

在特定区域发现的植物，或指广泛的植物

毒液

某些动物产生的有害液态化学物质，可通过刺或毒牙注入其他动物体内

施毒

动物用毒刺或毒牙注射有害液体

脊椎动物

有脊柱或脊骨的动物

翼展

两翼尖端之间的长度

索引

M

N

O

P

Q

R

S

T

致谢

DK would like to thank the following people for their assistance in the preparation of this book:

Mohd Zishan, Simran Lakhiani, Ann Cannings, Charlotte Milner and Bettina Myklebust Stovne for additional design support; Manisha Njithia and Olivia Stanford for additional editorial support; Sophia Danielsson-Waters for proofreading; and Sumedha Chopra for additional picture research.

The publisher would like to thank the following for their kind permission to reproduce their photographs:

(Key: a-above; b-below/bottom; c-centre; f-far; l-left; r-right; t-top)

1 Depositphotos Inc: lilithlita (crb). Dreamstime.com: Faunuslsd (cra); Isselee (c). 2 Alamy Stock Photo: Dirk Funhoff / imageBROKER (cl). Dreamstime.com: Gan Chaonan (cla). 3 Alamy Stock Photo: Steve Bray. 4 Dreamstime.com: Vasyl Helevachuk (bc); Isselee (cra). Getty Images / iStock: GlobalP (bl). 5 Alamy Stock Photo: Jack Goldfarb / Design Pics Inc (cla); Bill Gozansky (bc). Dreamstime.com: Sakda Nokkaew (cra); Harvey Stowe (cra/Swordfish). Getty Images: wildestanimal / Moment Open (br). Shutterstock.com: Holger Kirk (cla/Frog); kholid mustar (bl). 6 Dreamstime.com: Amwu (cra); Zenobillis (cla); Burtonhill (cra/Lizard). naturepl.com: Aflo (cla/Owl). 7 123RF.com: Eric Isselee / isselee (cra). Alamy Stock Photo: blickwinkel / B. Trapp (tl). Shutterstock.com: Vojce (cla). 10 Dreamstime.com: Isselee (cra); Verastuchelova (cla); Vladvitek (crb); John Kasawa (bl). 11 Alamy Stock Photo: Joe Blossom (clb). Depositphotos Inc: gunnar3000 (crb). Dreamstime.com: Isselee (tl); Passakorn Umpornmaha (cra). 12 Alamy Stock Photo: Rudmer Zwerver (fcr). Dreamstime.com: Anankkml (cr); Vasyl Helevachuk (cl). 13 Dreamstime.com: Anankkml (cl); Alexey Kuznetsov (fcl); Gerra (cr); Isselee (fcr). 14 Dorling Kindersley: Colin Keates / Natural History Museum, London (cla). Dreamstime.com: Isselee (bl). 15 Dreamstime.com: Liumangtiger (tr); Goce Risteski (cla). Getty Images / iStock: annebaek (cb). 16 Alamy Stock Photo: Danny Lawson / PA Images (tl, r). 17 Getty Images / iStock: GlobalP (l, tr). 19 123RF.com: Alexandra Lande (b, tr).

20 Shutterstock.com: alessandro pinto (tl, r). 21 Dreamstime.com: Smellme (l, tr).

22 Dreamstime.com: Isselee (tl, c). 23 Dreamstime.com: Isselee (c, tr). 24 Dreamstime.com: Stu Porter / Stuporter (c, tr). 25 Dorling Kindersley: Wildlife Heritage Foundation, Kent, UK (bc). Dreamstime.com: Ecophoto (c, tl); Johannes Gerhardus Swanepoel (br). 26–27 Alamy Stock Photo: Nigel Dennis / Avalon.red (t). Dreamstime.com: Svetlana Foote (b). 26 Alamy Stock Photo: Nigel Dennis / Avalon.red (tl). Dreamstime.com: Svetlana Foote (clb).

28 Dreamstime.com: Gerra (tl, c). 30 Dreamstime.com: Wrangel (b, tl). 31 Dreamstime.com: Seadam (r, tr). 32 Dreamstime.com: Farinoza (c, tl). 33 Dreamstime.com: Leonello Calvetti (ca, tr). 34 Depositphotos Inc: slowmotiongli (tl, c). 35 Dreamstime.com: Anankkml

(c, tr). 36–37 Dreamstime.com: Vasyl Helevachuk (t); Planetfelicity (b). 36 Dreamstime.com: Vasyl Helevachuk (tl); Planetfelicity (clb). 38–39 Alamy Stock Photo: Glenn Bartley /

All Canada Photos (t). Dreamstime.com: Vladimir Melnik / Zanskar (b). 38 Alamy Stock Photo: Glenn Bartley / All Canada Photos (tl). Dreamstime.com: Vladimir Melnik / Zanskar (clb). 40 Depositphotos Inc: izanbar (r, tl). 41 Alamy Stock Photo: Arto Hakola

(b, tr). 42 Dreamstime.com: Isselee (tl, l). 43 Dreamstime.com: Isselee (tr, b).

44–45 Dreamstime.com: Dragoneye (b); Isselee (t). 44 Dreamstime.com: Dragoneye

(clb); Isselee (tl). 46–47 Getty Images: George Pachantouris / Moment. 48 Alamy Stock Photo: Imagebroker (c, tr). 49 Alamy Stock Photo: Minden Pictures (bc). Getty Images: Pat Gaines (br). 50 Dreamstime.com: Marco Tomasini (tl, c). 51 Dreamstime.com: Isselee (tr, r).

52–53 123RF.com: nrey. 52 123RF.com: nrey (tl). Dreamstime.com: Musat Christian (bc).

54 Getty Images / iStock: owngarden (tl, b). 55 Getty Images: Lea Scaddan / Moment

(tr, l). 56 Dreamstime.com: Friedemeier (tr). 57 Shutterstock.com: Inger Eriksen (b, tr).

59 123RF.com: Iakov Filimonov / jackf (tr, c). 60 Shutterstock.com: Michal Sarauer (tl, c).

61 Dreamstime.com: Marcin Wojciechowski (tr, c). 62–63 Alamy Stock Photo: Rudmer Zwerver (b). naturepl.com: Dietmar Nill (t). 62 Alamy Stock Photo: Rudmer Zwerver (clb). naturepl.com: Dietmar Nill (tl). 64 Dreamstime.com: Slowmotiongli (bl). Getty Images / iStock: Jeff McCurry (cra). 65 Alamy Stock Photo: Ian Beattie (b). Dreamstime.com: Isselee (ca). Getty Images / iStock: drferry (cr). 66 Alamy Stock Photo: Tierfotoagentur

(b, tl). 67 Dreamstime.com: Anankkml (b, tr). 68–69 Alamy Stock Photo: WaterFrame

(c). 68 Alamy Stock Photo: Nature Picture Library (bl); WaterFrame (tl). 70 123RF.com:

Eric Isselee / isselee (bl). Dreamstime.com: Alexey Kuznetsov (cra); Sergey Taran (cla).

71 Dreamstime.com: Callipso88 (cra); Prapass Wannapinij (tl); Vladvitek (clb); Yurasova

(br). 72 Alamy Stock Photo: Steve Bray (cr, tl). 74 Dreamstime.com: Isselee (r, tl).

75 Dreamstime.com: Hongqi Zhang (aka Michael Zhang) (l, tr). 76 Science Photo Library: E.R.Degginger (c, tr). 77 Dreamstime.com: Melinda Fawver (c, tl). Science Photo Library: E.R.Degginger (br). 78 Dreamstime.com: Anankkml (tl, c). 79 Dreamstime.com: Josip Matanovic (tr, b). 80 Dreamstime.com: Adamcegledi (tl, r). 81 Dreamstime.com: Anankkml (b, tr). 82 Alamy Stock Photo: Dirk Funhoff / imageBROKER (c). naturepl.com: Stephen Dalton (cl). 83 Alamy Stock Photo: Bill Gozansky (cl). Dreamstime.com: Isselee (c); Witr (cr). 84 Dreamstime.com: Michiel De Wit (clb). Shutterstock.com: Federico.Crovetto (crb). 85 Dreamstime.com: Isselee (c); Brian Magnier (cl, cla, cra, tr). Getty Images / iStock:

Izold (clb); Scacciamosche (crb). 86–87 Alamy Stock Photo: Dirk Funhoff / imageBROKER.

86 Alamy Stock Photo: Dirk Funhoff / imageBROKER (tl). 87 Dreamstime.com: Lukas

Blazek (cr). 88–89 Dreamstime.com: Witr (bc). Getty Images / iStock: Irin717 (tc).

88 Dreamstime.com: Witr (cl). Getty Images / iStock: Irin717 (tl). 90 Dreamstime.com: Isselee (c, tl). 91 Shutterstock.com: HWall (cb, tr). 92 Getty Images / iStock: Philippe Jouk (c, tl). 92–93 Getty Images / iStock: Philippe Jouk (c). 93 naturepl.com: Thomas Marent (br).

94 Shutterstock.com: kholid mustar (c, tr). 95 Alamy Stock Photo: Oliver Thompson-Holmes (c). Depositphotos Inc: hendymp99@gmail.com (tl, br). 96 Alamy Stock Photo: Bill Gozansky (c, tl). 97 Dreamstime.com: Sergey Kolesnikov (c, tr). 98 Alamy Stock Photo:

Jack Goldfarb / Design Pics Inc (c, tl). 99 Shutterstock.com: Holger Kirk (c, tr).

100–101 Biosphoto: Daniel Heuclin (c). 100 Biosphoto: Daniel Heuclin (tl). Dreamstime.com: Martin Voeller (cl). 102 123RF.com: 123RF Premium (c, tr). 103: 123RF.com: 123RF Premium (bc). Dreamstime.com: Isselee (c, tl, br) 104–105 Dreamstime.com: Freebilly.

106–107 Dreamstime.com: Dirk Ercken (b); Kamensky (tc). 106 Dreamstime.com:

Dirk Ercken (cl); Kamensky (tl). 108 Dreamstime.com: Hotshotsworldwide (cr, tl).

109 Dreamstime.com: Mfbenard (tr, c). 110 Dreamstime.com: Isselee (crb); Marion Wear (clb). Shutterstock.com: Jansen Chua (c). 111 Alamy Stock Photo: Beth Swanson (clb). Dreamstime.com: Isselee (cla). Getty Images / iStock: BoxerX (clb). Shutterstock.com: Animal Search (tr). 112 Dreamstime.com: Shariff Che\' Lah (c, tr). 113 Dreamstime.com: Shariff Che\' Lah (br); Duncan Noakes (c, tl). 114–115 Alamy Stock Photo: E.R. Degginger (ca); Nature Picture Library (cb). 114 Alamy Stock Photo: E.R. Degginger (tl); Nature Picture Library (cl). 116–117 Alamy Stock Photo: Stuart Wilson / Biosphoto (t). Dreamstime.com: Farinoza (b). 116 Alamy Stock Photo: Stuart Wilson / Biosphoto (tl). Dreamstime.com: Farinoza

(clb). 118 Getty Images: Paul Starosta / Stone (b, tl). 119 Science Photo Library: K

Jayaram (tr, b). 120–121 naturepl.com: Stephen Dalton (c). 120 Alamy Stock Photo: Biosphoto (bl, tl). 122 Dreamstime.com: Voislav Kolevski (cl); Sakda Nokkaew (c); Dima Smaglov (cr). 123 Dreamstime.com: Arsty (c). Getty Images / iStock: irin717 (cr); spursai (tl). 124 Dreamstime.com: Siarhei Nosyreu (c). 125 Alamy Stock Photo: cbimages

(tl). Dreamstime.com: Aleksey Alekhin (cra); Johannesk (clb); Steven Melanson (cla).

126–127 Getty Images: Brandi Mueller / Moment Open. 128 Getty Images / iStock: irin717 (tl, c). 129 Alamy Stock Photo: Helmut Corneli (tr, c). 130 Dreamstime.com: Parfentevamaya (tl, c). 131 Shutterstock.com: Daniel Huebner (b, tr). 132 Dreamstime.com: Isselee (tl, cb). 133 Getty Images / iStock: spursai (tr, l). 134–135 Dreamstime.com: Frantic00 (t); Serg_dibrova (b).

134 Dreamstime.com: Frantic00 (tl); Serg_dibrova (clb). 137 Depositphotos Inc: lilithlita (tr, c). 138 Dreamstime.com: Arsty (c, tl). 140 Alamy Stock Photo: Imagebroker (c, tl). 141 Getty Images / iStock: Yann-Hubert (c, tr). Shutterstock.com: Yann hubert (br). 142–143 Dreamstime.com: Richard Carey (tc); Dima Smaglov (bc).

142 Dreamstime.com: Richard Carey (tl); Dima Smaglov (cl). 144 Alamy Stock Photo: David & Micha Sheldon / F1online digitale Bildagentur GmbH (tl, c). 145 123RF.com: Oleksandr Lytvynenko (cb, tr). 146 Dreamstime.com: Voislav Kolevski (tl, c).

147 Dreamstime.com: Mikhailg (c, tr). 148 Dreamstime.com: Jelena Maximova (cra, tl). 150 Dreamstime.com: Sakda Nokkaew (tl, c). 151 Getty Images / iStock: burnsboxco (tr, c). 152–153 Dreamstime.com: Whitcomberd (bc). naturepl.com: Doug Perrine (tc). 152 Dreamstime.com: Whitcomberd (cl). naturepl.com: Doug Perrine (tl). 154–155 Dreamstime.com: Harvey Stowe (cb). 154 Dreamstime.com: Harvey Stowe (tl). 155 Dreamstime.com: Lunamarina (br). 156 Dreamstime.com: Izanbar (c, tr).

157 Alamy Stock Photo: Adisha Pramod (c, tl, br). 158 Dreamstime.com: Chernetskaya (bc). Getty Images / iStock: fmajor (cl). 159 Dreamstime.com: Isselee (tc); Neirfy (br). 160–161 Alamy Stock Photo: Minden Pictures (ca). Dreamstime.com: Mirkorosenau (bc). 160 Alamy Stock Photo: Minden Pictures (tl).Dreamstime.com: Mirkorosenau (cl). 162–163 Dreamstime.com: Cynoclub (b). 162 Dreamstime.com: Cynoclub (clb). 164 Getty Images / iStock: Bbevren (c, tr). 165 Alamy Stock Photo: WaterFrame (c, tl). Getty Images / iStock: Bbevren (br). 166–167 Getty Images: by wildestanimal / Moment Open. 166 Getty Images: by wildestanimal / Moment Open (tl). 167 Alamy Stock Photo: Brandon Cole Marine Photography (b). 168–169 Dreamstime.com: Özgür Güvenç (b). 168 Dreamstime.com: Özgür Güvenç (tl); Michael Siluk (bc).

170 123RF.com: Cliff Collings (cl). naturepl.com: Aflo (cr). 171 Dreamstime.com:

Maria Itina (ca); Galyna Syngaievska (cr); Elliott Paul (cra). Fotolia: Stefan Zeitz / Lux (cl). 172 Dreamstime.com: Gan Chaonan (bl); Natallia Yaumenenka (crb). 173 Dreamstime.com: Rinus Baak (crb); Jessamine (clb); Mihail Ivanov (tr); Lanaufoto (tl). 174–175 Alamy Stock Photo: Minden Pictures (c). 174 Alamy Stock Photo: Minden Pictures (tl). Getty Images / iStock: Mzphoto11 (bl). 176 Dreamstime.com: Lee Amery (c); Martin Holverda (tr). Shutterstock.com: Philip Pilosian (crb). 177 Dreamstime.com: Antartis (tl); Neal Cooper (br); Luca Nichetti (bl). Getty Images / iStock: Etienne Outram (c); Rixipix (clb). 178 Dreamstime.com: Scott Jones (tl, c). 179 123RF.com: Cliff Collings (tr, c).

180 Fotolia: Stefan Zeitz / Lux (tl, c). 182 Dreamstime.com: Vladvitek (tl). 184–185 Getty Images / iStock: JackF. 184 Getty Images / iStock: JackF (tl). 185 Alamy Stock Photo: Donna Ikenberry / Art Directors (b). 186–187 Alamy Stock Photo: Kevin Elsby. 188 Dorling Kindersley: Roger Tidman (cra). Getty Images / iStock: Antagain (cla). 189 Dreamstime.com: Dndavis (cla). Getty Images / iStock: Gleb_Ivanov (tr); microgen (tl). naturepl.com: Pete Oxford (tc). 190 Dreamstime.com: Maria Itina (tl, c).

191 Dreamstime.com: Kabayanmark (tr, c). 192 Dreamstime.com: Ilga Lasmane (tl, c). 193 Getty Images: Chisato Yonemochi / Aflo (tr). naturepl.com: Aflo (b).

194 Dreamstime.com: Rigoni Barbara (b); Sarayut Thaneerat (tl). 195 Dreamstime.com: Sarayut Thaneerat. 196 Dreamstime.com: Zenobillis (tl, r). 197 Dreamstime.com: Elliott Paul (tr, c). 199 Dorling Kindersley: Frank Greenaway / National Birds of Prey Centre, Gloucestershire (br, tr). 200 Dreamstime.com: Sander Meertins (c, tr). 201 Alamy Stock Photo: Nature Picture Library (cb, tl, br). 202 Alamy Stock Photo: J & C Sohns / imageBROKER (tl, r). 203 Alamy Stock Photo: Michael Nolan / robertharding (tr, c). 204–205 Getty Images: Mark Chapman / 500px Plus (t). Shutterstock.com: Francois Loubser (b). 204 Getty Images: Mark Chapman / 500px Plus (tl). Shutterstock.com: Francois Loubser (clb). 206 Dreamstime.com: Flownaksala (tl, r). 207 Getty Images: Mark Newman / The Image Bank (tr, c). 208–209 Getty Images: Vincent Pommeyrol / Moment. 210 Dreamstime.com: Isselee (tl, c). 211 Alamy Stock Photo: Charles Melton (tr, c). 212–213 Getty Images / iStock: Passakorn_14 (b); Ryzhkov_Sergey (t). 212 Getty Images / iStock: Passakorn_14 (clb); Ryzhkov_Sergey (tl). 214 Dreamstime.com: Brian Kushner (c, tr). 215 Dreamstime.com: Brian Kushner (br). Shutterstock.com: Gerald Robert Fischer (c, tl, bc). 216 Dreamstime.com: Brigida Soriano (tl, r). 217 Dreamstime.com: Chris Hill (tr, c). 219 Shutterstock.com: Sanit Fuangnakhon (bl, tr). 220 Getty Images / iStock: Andrew_Howe (tl, c). 221 Dreamstime.com: Ecophoto (tr, b).

223 Dorling Kindersley: Stephen Oliver (clb). Getty / iStock: ivkuzmin (cr). Fotolia: Olena Pantiukh (bc). 224 Dreamstime.com: Isselee (r, tl). 225 Dreamstime.com: Isselee (cl, tr). 226 Chris Wiley: (c, tl). 227 Alamy Stock Photo: Blickwinkel (cb, tr). 228–229 Alamy Stock Photo: Chris Willson (c). 228 Alamy Stock Photo: Chris Willson (tl). Getty Images: Picture by Tambako the Jaguar (bc). 230 Alamy Stock Photo: Eng Wah Teo (cr). Dreamstime.com: Amwu (cl); Burtonhill (c). 231 Dreamstime.com: Isselee (cr). Getty Images / iStock: GlobalP (cl). 232 Alamy Stock Photo: John Cancalosi (clb). Dreamstime.com: Tjkphotography (cr). Getty Images / iStock: Somedaygood (crb).

233 Dreamstime.com: Jmrocek (cl). 234 Dreamstime.com: Amwu (c, tl).

235 Dreamstime.com: Burtonhill (c, tr). 236–237 Dreamstime.com: Alexey Kuznetsov (b). 236 Dreamstime.com: Alexey Kuznetsov (clb). 238 Alamy Stock Photo: Image Quest Marine (c, tl). 239 Dreamstime.com: Matthijs Kuijpers (bc, tr). 240 Dreamstime.com: Shane Myers (c, tl). 242–243 Dreamstime.com: Amwu (bc); Viter8 (ca). 242 Dreamstime.com: Amwu (cl); Viter8 (tl). 245 Dreamstime.com: Isselee (b, tr). 246 Alamy Stock Photo: Anthony Grote (c, tl). 247 Dreamstime.com: Jiri Hrebicek (b, tr). 248 Dreamstime.com: Seth Schubert (c, tl). 249 Alamy Stock Photo: ephotocorp (cb, tr). 250–251 Dreamstime.com: Isselee (b). 250 Dreamstime.com: Isselee (cl). 252 Getty Images / iStock: burnsboxco (c, tr). 253 Science Photo Library: Eye Of Science (c, tl, br). 254–255 Alamy Stock Photo: Eng Wah Teo (ca). Dreamstime.com: Lana Langlois (bc). 254 Alamy Stock Photo: Eng Wah Teo (tl). Dreamstime.com: Lana Langlois (cl). 256–257 Dorling Kindersley: Twan Leenders

(bc). Dreamstime.com: Rafael Ben Ari (ca). 256 Dorling Kindersley: Twan Leenders

(cl). Dreamstime.com: Rafael Ben Ari (tl). 258–259 Dreamstime.com: Ken Griffiths (bc). naturepl.com: Visuals Unlimited (ca). 258 Dreamstime.com: Ken Griffiths

(cl). naturepl.com: Visuals Unlimited (tl). 260 Dreamstime.com: Isselee (c, tl).

261 Shutterstock.com: Chantelle Bosch (c, tr). 264–265 Alamy Stock Photo:

All Canada Photos (ca). Dreamstime.com: Amwu (b). 264 Alamy Stock Photo: All Canada Photos (tl). Dreamstime.com: Amwu (cl). 266–267 Alamy Stock Photo: robertharding. 268 123RF.com: Eric Isselee / isselee (clb). Dreamstime.com: Amwu

(bc); Kazoka (bl); Nejron (cr). Getty Images / iStock: Marrio31 (crb). 269 Dorling Kindersley: Colin Keates / Natural History Museum, London (cra). Dreamstime.com: Cammeraydave (crb); Marcouliana (tr); Dirk-jan Mattaar (bl).

Getty Images / iStock: Placebo365 (clb).

270 Dreamstime.com: Volodymyr Byrdyak (c, tr). 271 Dreamstime.com: Volodymyr Byrdyak (br); Michael Valos (c, tl). 272 Dreamstime.com: I Wayan Sumatika (b, tl). 273 Dreamstime.com: Lucian Coman (b, tr). 274–275 Getty Images / iStock: GlobalP (c). 274 Getty Images / iStock: GlobalP (tl).

275 Getty Images / iStock: AYImages (bc). 277 Alamy Stock Photo: Juniors Bildarchiv GmbH (cb). 278 Alamy Stock Photo: NOAA (fcr). Dorling Kindersley: Liberty's Owl, Raptor and Reptile Centre, Hampshire, UK (c). Dreamstime.com: Faunuslsd (cla); Apisit Wilaijit (crb). 279 123RF.com: Eric Isselee / isselee (cl). Alamy Stock Photo: blickwinkel / B. Trapp (cr). Dreamstime.com: Roman Samokhin (c). 280 123RF.com: Tim Hester / timhester (ca). Alamy Stock Photo: Maximilian Weinzierl (cr). Dreamstime.com: Viter8 (clb). 281 Alamy Stock Photo: Blickwinkel (cra). Dreamstime.com: John Anderson (br); Ecophoto (tl); Aleksandar Grozdanovski (tc); Stephen Bonk / Sbonk (clb). 282 Dorling Kindersley: Liberty's Owl, Raptor and Reptile Centre, Hampshire, UK (tl, c). 283 Dreamstime.com: Thomas Eder (tr, b). 284 Dreamstime.com: Surachai2 (tl, b).

285 Dreamstime.com: Isselee (tr, c). 286 Dreamstime.com: Roman Samokhin (b, tl). 287 Getty Images / iStock: Antagain (c, tr). 288 Alamy Stock Photo: Martin Strmiska (c, tl). 289 naturepl.com: Brandon Cole (bc, tr).

290–291 Dreamstime.com: Neal Cooper. 292 Dreamstime.com: Isselee (c, tl). 293 Dreamstime.com: Roman Ivaschenko (c, tr). 294–295 Dreamstime.com: Apisit Wilaijit (ca). Getty Images: imageBROKER / Norbert Probst (bc).

294 Dreamstime.com: Apisit Wilaijit (tl). Shutterstock.com: Vojce (cl).

296 Getty Images / iStock: Choja (c, tl). 297 Getty Images / iStock: Hemera Technologies / PhotoObjects.net (bc, tr). 298–299 Alamy Stock Photo: Nature Picture Library. 300 Dreamstime.com: Serjio74 (crb). Getty Images: Julian Gunther (cr). Shutterstock.com: Steven Giles (clb). 301 Dreamstime.com: Isselee (tl, crb); Sergey Uryadnikov / Surz01 (tr); Dmytro Konstantynov (clb).

302 Shutterstock.com: PK289 (tl, c). 303 Alamy Stock Photo: David Chapman. Getty Images / iStock: GlobalP (tr, c). 304 Alamy Stock Photo: Michael & Patricia Fogden / Minden Pictures (tl, b). 305 123RF.com: peterwaters (tr, c).

306 Getty Images / iStock: strikerx98 (tl, c). 307 Getty Images / iStock: flyingv43 (tr, c). 308 Dreamstime.com: Isselee (c, tl). 309 Shutterstock.com: Cyrus Matiga (bc, tr). 310 Dreamstime.com: Poerli Won (br, tl). 311 Alamy Stock Photo: Francisco Martinez-Clavel Martinez (l, tr). 312 Dreamstime.com: Faunuslsd (c, tl). 313 Dorling Kindersley: Frank Greenaway / Natural History Museum, London (bl, tr). 314–315 Alamy Stock Photo: WaterFrame (c). 314 Alamy Stock Photo: WaterFrame (tl, bl). 316 Getty Images / iStock: OllgaP (cr, tl).

318 Alamy Stock Photo: Blickwinkel / B. Trapp (c, tl). 319 Shutterstock.com: Protasov AN (b, tr). 320 Shutterstock.com: Lidia fotografie (cr, tl). 321 Alamy Stock Photo: Reinhard Dirscherl (cl, tr). 322 Alamy Stock Photo: Francisco Martinez-Clavel Martinez (c, tr). 323 Alamy Stock Photo: Rudmer Zwerver (c). Dreamstime.com: Craigrjd (c); Farinoza (tl). 324 Alamy Stock Photo: Nature Photographers Ltd (cl); Wildlife GmbH (bl). Dreamstime.com: Yulan (cr).

325 Alamy Stock Photo: Biosphoto (br). Dreamstime.com: Isselee (cla, clb). Shutterstock.com: Tyler Fox (cra). 326 Dreamstime.com: Edward Westmacott (c, tl). 327 Dreamstime.com: Ethan Daniels (cl, tr). 328 Shutterstock.com: Agarianna76 (c, tl). 329 Alamy Stock Photo: Andrey Nekrasov (cr, tr).

330 Alamy Stock Photo: WorldFoto (cr, tl). 331 Alamy Stock Photo: NOAA (bl, tr). 332 Dreamstime.com: Palex66 (ca, clb, crb, 1/crb, 2/crb). 333 123RF.com: Mirosäaw Kijewski (cr). Dorling Kindersley: Dave King / Natural History Museum, London (tc). Dreamstime.com: Bushalex (cra). 334 Alamy Stock Photo: World History Archive (cr, tl). 335 Alamy Stock Photo: Graham Prentice (cb, tr). 336–337 123RF.com: Eric Isselee / isselee (bc). Dreamstime.com: Feathercollector (ca). 337 123RF.com: Eric Isselee / isselee (cl). Dreamstime.com: Feathercollector (tl). 338 Dreamstime.com: Bluetoes67 (bl). 339 Alamy Stock Photo: Leonid Serebrennikov (tr). Dreamstime.com: Isselee (br). Getty Images / iStock: AB Photography (tl). 340 Dreamstime.com: Josephine Julian Lobijin (br); Yocamon (cl). 341 Dreamstime.com: Capa34 (tr); Jnjhuz (crb). Getty Images / iStock: ArefR (tl); richcarey (clb). 342 Dreamstime.com: Dragoneye (cla). 343 Dreamstime.com: Verastuchelova (tr). 344 Dreamstime.com: Passakorn Umpornmaha (tl). 345 Dreamstime.com: Isselee (br).

347 Shutterstock.com: Francois Loubser (t). 348 Dreamstime.com: Amwu (bl). 349 Dreamstime.com: Alexey Kuznetsov (tr). 351 Dreamstime.com: Dragoneye (br). 352 Alamy Stock Photo: Nigel Dennis / Avalon.red (b).

Cover images: Front: Dreamstime.com: Amwu clb, Bennymarty tr, Isselee c, Kamensky crb, Kazoka tl, Voislav Kolevski ftl, Sombra12 clb/ (flamingo), Brigida Soriano ftr, Viter8 cr; Getty Images / iStock: Burnsboxco cra; Back: 123RF.com: Nrey tc; Dorling Kindersley: Liberty's Owl, Raptor and Reptile Centre, Hampshire, UK cb/ (tarantula); Dreamstime.com: Callipso88 clb/ (Horse), Gan Chaonan crb, Özgür Güvenç cb, Isselee cra/ (Caracal), cla, clb, John Kasawa bc/ (Crocodile), Palex66 cla/ (Ladybug), Roman Samokhin / Usensam2007 bc, Serg_dibrova bl, Passakorn Umpornmaha tl, Viter8 cl, Vladvitek cra, Poerli Won cr; Getty Images / iStock: Marrio31 tr; Spine: Dreamstime.com: Friedemeier t.